Karin Lunderstedt / Drs. med. vet. Hartmann/Steidl

Meerschweinchen – Krankheiten erkennen und natürlich behandeln

Karin Lunderstedt / Drs. med. vet. Hartmann/Steidl

Meerschweinchen

Krankheiten erkennen
und natürlich behandeln

Oertel+Spörer

Titelbild: Gesunde Meerschweinchengeschwister erkunden den Garten.
Foto: Cynomys/C. Ehrlich, Greven
Zeichnungen Seite 14 und 15: Bettina Müller, Hungen
Zeichnungen Seite 48 und 51: Karin Lunderstedt, Neubrandenburg
Alle übrigen Abbildungen: Cynomys/C. Ehrlich, Greven

Bibliografische Information der Deutschen Nationalbibliothek

Die Deutsche Nationalbibliothek verzeichnet diese Publikation in der Deutschen Nationalbibliografie; detaillierte bibliografische Daten sind im Internet über http://dnb.d.-nb.de abrufbar.

Postfach 16 42 · 72706 Reutlingen

Umschlaggestaltung: Atelier Lehmacher, Friedberg
Schrift: 9/12 p Times New Roman
DTP und Repro: Raff digital GmbH, Riederich
Druck und Bindung: Oertel+Spörer Druck und Medien-GmbH+Co., Riederich
Printed in Germany
ISBN-10: 3-88627-305-9
ISBN-13: 978-3-88627-305-8

Inhalt

Vorwort

Als die Spanier im 16. Jahrhundert das Meerschweinchen von Südamerika nach Europa brachten, konnten sie nicht ahnen, dass dieses Tierchen einmal zu den beliebtesten Haustieren zählen wird. Seit dieser Zeit hat es unzähligen Kindern und natürlich auch Erwachsenen in allen Teilen der Welt viel Freude bereitet. Inzwischen gibt es über 20 verschiedene Arten von Meerschweinchen, die zur großen Gruppe der tagaktiven Nagetiere gehören. Sie können 5 bis 6 Jahre alt werden, seltener auch bis 10 Jahre. (Die Lebenserwartung ist also erheblich höher als bei anderen Nagern wie Ratten, Mäusen und Hamstern.)

Meerschweinchen sind Rudeltiere und sollten deshalb nicht einzeln gehalten werden. Allerdings ist eine Überbesetzung des Meerschweinchengeheges zu vermeiden, weil es sonst zu Beißereien unter den Tieren mit Verletzungen und auch zu einem größeren Krankheitsrisiko kommt. Wenn auch Pflege und Haltung dieser possierlichen Tierchen recht unkompliziert sind, stellen sie doch einige Anforderungen an ihre Unterbringung und Ernährung, die zu beachten sind.

Man darf nicht vergessen, dass das Meerschweinchen ein Lebewesen ist, für das man Verantwortung übernimmt, das heißt es täglich versorgen, regelmäßig füttern, tränken, sauber machen muss und das auch menschlichen Kontakt benötigt. Unwissenheit und daraus resultierende Haltungsfehler sind die weitaus häufigste Ursache für Erkrankungen des Meerschweinchens. Tiere, die nicht tiergerecht gehalten werden, stehen unter Stress, und Stress schwächt immer das Immunsystem.

Doch auch bei den allerbesten Haltungsbedingungen bei seinem Menschen kann das Meerschweinchen einmal krank werden. Ein verantwortungsvoller Tierbesitzer, der sein Tier gut beobachtet und es jeden Tag aus seinem Käfig herausnimmt, es abtastet, das Fell untersucht, ins Mäulchen guckt (Zahninspektion ist wichtig!) und auch auf Po und Krallen sieht, wird schnell herausfinden, wann es krank ist und wie er dies erkennen kann.

Es sitzt teilnahmslos herum, oft mit dem Gesicht der Ecke seines Geheges zugewandt, und frisst nichts oder wenig. Die Augen sind glanzlos und trübe, das Fell wirkt stumpf und struppig. Oft fällt eine pumpende, erschwerte Atmung auf. Der Kot wird nicht mehr wie gewohnt als „Bohne“, sondern als schmieriger Brei abgesetzt. Manchmal hat das Meerschweinchen einen nassen Po oder Bauch und riecht streng nach Urin. Alle diese Symptome weisen darauf hin, dass es dem Tierchen nicht gut geht, und so können dann rechtzeitig die richtigen Maßnahmen zu seiner Gesundwerdung ergriffen werden.

Ich halte seit über 20 Jahren aus reiner Liebhaberei Meerschweinchen. Überwiegend habe ich kranke Tiere aus einem Freizeitzentrum unserer Stadt übernommen, um sie gesund zu pflegen, da sie sonst als Lebendfutter für die Greifvö-

gel dienten. Aber auch ausgesetzte Tiere nahm ich bei mir auf. Schließlich blieben sie alle bei mir, so dass ich bis zu 25 Tiere in meiner kleinen Wohnung beherberge. Die Männchen werden natürlich kastriert, um keinen Nachwuchs mehr zeugen zu können.
Mit den Jahren habe ich viele praktische Erfahrungen bei der Pflege dieser liebenswerten Nager gewinnen können. Diese Erfahrungen möchte ich in diesem Büchlein gern an interessierte Meerschweinchenbesitzer weitergeben.

Neubrandenburg, im Sommer 2006

Karin Lunderstedt

Allgemeine Hinweise

Unterbringung

Ein Käfig kann nicht groß genug sein, sollte aber für 1–3 Tiere mindestens 80 × 120 cm betragen. Es eignen sich nach oben offene Terrarien aus Glas oder Kunststoff und auch Käfige mit einer Plastikschale als Boden.

Allseits geschlossene Plastikbehälter (ich nenne sie „Schneewittchensärge“ halte ich für völlig ungeeignet. Das Meerschweinchen bekommt nicht genug Luft darin, und im Hochsommer staut sich die Hitze; es kann zum Kreislaufzusammenbruch kommen. Das Meerschweinchenheim sollte hell, darf aber niemals im Durchzug (Vorsicht beim Lüften!) stehen. Auch große Temperaturschwankungen können das Tier krank machen.

Günstig ist es, im Meerschweinchengehege eine zweite oder sogar dritte Ebene einzubauen, auf die das Meerschweinchen springen kann. So hat es mehr Bewegung und einen besseren Ausblick.

Damit die Tiere sich nicht langweilen und sich auch mal aus dem Wege gehen können, sollten die Gehege mit Ästen, Höhlen, Tunnel, Häuschen u. a. ausgestattet werden.

Unerlässlich ist für jedes Tier ein eigenes Schlafhaus, dessen Eingang groß genug sein muss, damit das Tier nicht eingeengt wird. Ich benutze lieber Zwergkaninchenhäuser, die insgesamt größer gebaut sind. Eine gute Belüftung ist auch hier notwendig; die Schlafhäuschen sollten also nicht zu luftdicht abgeschlossen sein (evtl. Zweiteingang und Fenster).

Übrigens sollten Sie das Meerschweinchengehege möglichst nicht auf den Boden stellen, wie man es immer wieder sieht. Sie sehen den ganzen Tag nur Füße an sich vorbeilaufen, die bedrohlich wirkenden „Riesen“ gehören, und haben keinen Überblick über „ihr Reich“.

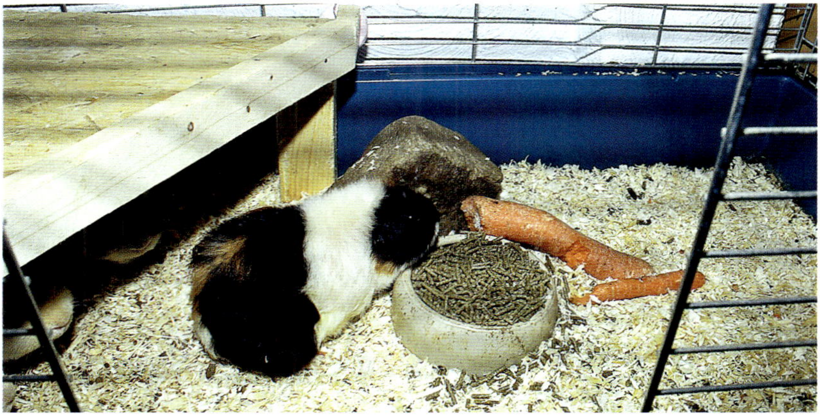

1 | Der Käfig sollte stets ausreichend groß sein. Die Plattform dient der Bewegung.

Einstreu

Als Einstreu eignen sich Sägespäne, Hanfstreu, gehäckseltes Stroh oder Strohpellets. Damit sich bei größeren Terrarien die Einstreu besser entfernen lässt, kann man als Unterlage Zeitungen (mit Ausnahme von farbig bedrucktem Glanzpapier – giftig!) und/oder Küchentücher aus Zellstoff legen. Günstig ist es, über die Säge-/Hobelspäne eine dünne Naturdecke aus Stroh oder Heu zu legen.

Heu zum Fressen sollte aber immer frisch angeboten werden. Katzenstreu oder behandelte Holzspäne sollten nicht als Einstreu verwendet werden. Die Tiere könnten es fressen, und schwere Gesundheitsschäden sind die Folge.

Die Einstreu muss auf jeden Fall spätestens erneuert werden, wenn sie zu riechen anfängt (alle 3 bis 4 Tage). So haben Krankheitserreger, die mit dem Kot ausgeschieden werden, keine Chance, sich zu vermehren und das Tier neu zu infizieren.

2 | Eine gute Einstreu ist sehr wichtig für die Gesundheit der Tiere.

3 | In der Gruppe fühlen sich Meerschweinchen am wohlsten.

Einzel- oder Gruppenhaltung?

Es sollte selbstverständlich sein, Meerschweinchen in Gruppen oder zumindest zu zweit zu halten. Weibchen vertragen sich in der Regel gut mit Böckchen. Wenn man nicht züchten möchte, sollte das Böckchen kastriert werden. Achtung! Nach der Kastration ist das Böckchen noch ca. 4 bis 6 Wochen zeugungsfähig! Weibchen untereinander vertragen sich meist gut.

Bei geschlechtsreifen Böckchen, besonders wenn Weibchen im gleichen Haushalt leben, kommt es dagegen des Öfteren zu blutigen Auseinandersetzungen; dann muss man sie leider trennen. Ich habe bei meiner „Meerli-Truppe" allerdings die Erfahrung machen müssen, dass dieses oder jenes Tier lieber allein lebt, besonders nach dem Tod des langjährigen Partners (bei Menschen soll es das ja auch geben!).

Ernährungshinweise

Es ist günstiger, sein Meerschweinchen mehrmals am Tag mit kleinen Portionen zu füttern, als einmal eine große Futterration zu geben. So wird das Futter nicht verschmutzt, es verdirbt nicht und das Meerschweinchen überfrisst sich nicht (gefährlich bei Grünfutter!). Nebenbei hat man noch den angenehmen Effekt, mit den Tieren häufiger Kontakt aufnehmen zu können.

4 | Heu ist das Hauptnahrungsmittel der Meerschweinchen.

Ich füttere ca. 15-mal am Tag kleine Portionen. Hört sich häufig an, aber in der Natur nehmen Meerschweinchen sogar bis zu 100 kleine Mahlzeiten am Tag ein – eine vernünftige Art, sich nicht zu überfressen! Abends, kurz vor dem Schlafengehen, sollte man dann noch eine etwas größere Futterration anbieten, damit unsere Lieben nicht „verhungern“ und (wenn sie mal nicht schlafen können!) Beschäftigung haben.

Heu

Das Meerschweinchen ist ein Pflanzenfresser, hat ein spezielles Verdauungssystem und ist deshalb auf rohfaserreiche Nahrung angewiesen. Als „tägliches Brot“ muss den Meerschweinchen immer frisches Heu zur Verfügung stehen.

Heu stellt beim Meerschweinchen die wichtigste Nahrungsgrundlage dar! Es hat einen hohen Vitamin-D-Gehalt (für den Knochenbau von Bedeutung), ist für eine gute Verdauung notwendig, wirkt blutreinigend, sorgt für ein schönes Fell und ist auch für die Zahnabnutzung unerlässlich.

Hochwertiges Heu besteht nicht nur aus Gras, sondern auch aus Wildkräutern, es riecht aromatisch und ist leicht grünlich. Gelbliches, stockiges oder schimmliges Heu darf auf keinen Fall verfüttert werden; es kann für unser Meerschweinchen tödlich sein.

Knabberkost

Fertigmischfutter enthält Weizen, Hafer, Haferflocken, Mais, Erdnüsse, Sonnenblumenkerne und Pellets. Man kann sie auch mal einige Tage als Alleinfutter geben, zum Beispiel, wenn man verreist ist. Dann muss aber selbstverständlich reichlich Trinkwasser zur Verfügung stehen! Da das Trockenfutter sehr energie- und kalorienreich ist, sollte davon nicht zuviel gegeben werden. Die Tiere werden sonst zu schnell satt, vernachlässigen damit kontinuierliches Heukauen und dadurch werden Probleme mit der Verdauung und den Zähnen herbeigeführt. Im Übrigen sind Meerschweinchen ja eigentlich auch keine Körnerfresser, sondern Pflanzenfresser! Gern nagen sie auch an den (unbehandelten) Zweigen unserer Obstbäume und an Birken-, Pappel-, Haselnuss- oder Weidenzweigen (mit und ohne Blätter). Sie bieten nicht nur eine geschmackliche

Abwechslung, sondern auch Beschäftigung. Sie enthalten Gerbstoffe und Öle und sind sehr kalorienarm.

Auch hartes, schimmelfreies Brot, Zwieback und Knäckebrot fressen sie gern, doch ist hier zu bedenken, dass sie einen hohen Nährwert haben!

Erstaunt war ich, als meine Meerschweinchen sich beim Auslauf über den „Mixer" von Pedigree-Pal (wertvolle Getreide- und Gemüsebrocken – keine Fleischzusätze!) hermachten. Verdattert schaute mein Hund zu! Weil es den Meerlis sichtlich gut geschmeckt hat und ja auch gesund ist, gebe ich seitdem gelegentlich ein wenig von diesem „Mixer" ihrem Trockenfutter bei.

Trinkwasser

Unbedingt muss man aber dann darauf achten, dass die Tiere genug frisches Trinkwasser in ihren Fläschchen zur Verfügung haben, ganz besonders wenn sie wenig Grünfutter erhalten. (Dabei ist es unbedingt notwendig, täglich die Trinkflaschen gut zu reinigen und das Wasser zu erneuern!).

Wenn die Gefahr eines Vitaminmangels besteht, kann man das Trinkwasser mit Vitamin C in Form von Ascorbinsäure (Apotheke) anreichern.

Milch oder Fruchtsäfte dürfen Meerschweinchen nicht bekommen (Durchfallgefahr).

5 | Eine Abwechslung in den Speiseplan bringen Pellets. Doch Achtung: Diese Nahrung ist sehr energie- und kalorienreich.

Das Meerschweinchen

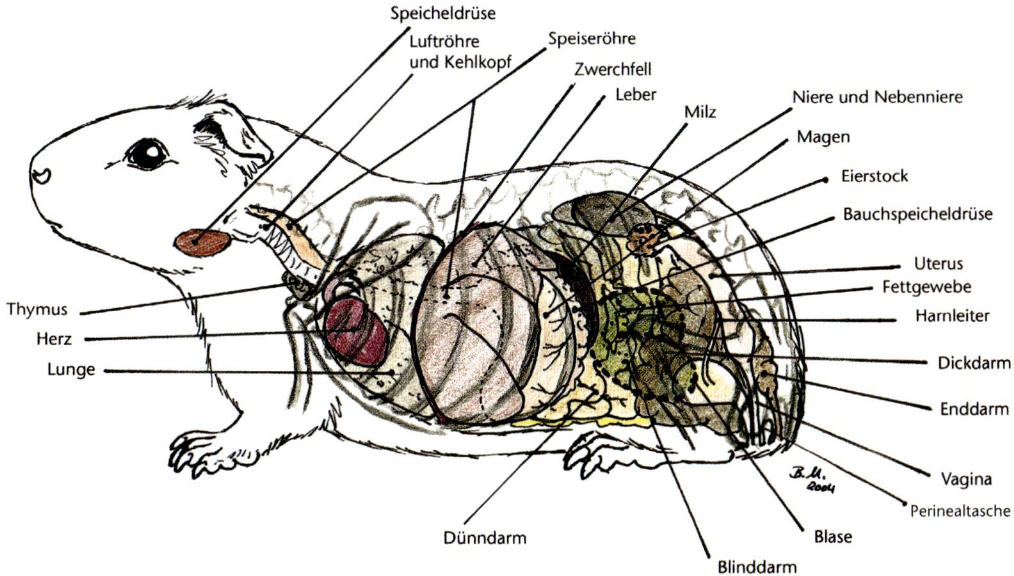

6 | Das Meerschweinchen und seine Organe. Zeichnung: Bettina Müller, Hungen

Meerschweinchen-Skelett

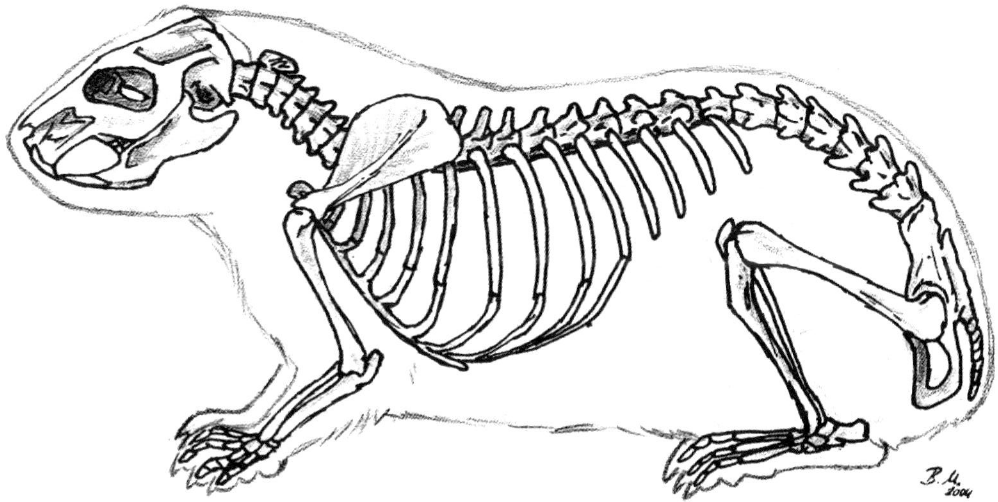

7 | Das Meerschweinchen-Skelett. Zeichnung: Bettina Müller, Hungen

Abwechslung auf dem Speiseplan

Meerschweinchen nehmen etwa 4 % ihres Körpergewichts täglich an Futter auf. Bei einem 1000 g schweren Tier sind das ca. 40 Gramm. Sie sollten nicht zu einseitig gefüttert werden; auch wir Menschen möchten nicht alle Tage das Gleiche essen!

Leider gibt es immer noch Menschen, die ihre Tiere mit Küchenabfällen füttern. Dass man dabei keine munteren, widerstandsfähigen Tiere erwarten kann, braucht man wohl nicht zu betonen.

Als Frischfutter eignen sich Paprika, Petersilie (in Maßen), Dill, Salatgurken, Möhren mit Kraut, Äpfel, Melone, Kohlrabi (da der Urin dadurch streng riecht, am besten nur am Tag der Käfigreinigung verfüttern!), Staudensellerie, Tomaten, Radieschen (mit frischem Grün), Zucchini, Mangold, Spinat, Chicorée (in kleinen Mengen), Mais (einschließlich Blättern), Salat (nicht zu viel, da Salat aus Gewächshäusern zu nitrathaltig ist!).

Wenn die Tiere es mögen, kann man auch Bananen, Erdbeeren, Kiwis und Weintrauben anbieten. Auch geringe Mengen von Zitrusfrüchten sind ein guter Vitamin-C-Spender (allerdings mögen es viele Schweinchen nicht). Steinobst wie Aprikosen, Kirschen, Pfirsiche, Nektarinen und Pflaumen vertragen die Meerschweinchen nicht besonders gut und sollten daher nicht angeboten werden.

Das Futter nie direkt aus dem Kühlschrank geben. Es würde zu Verdauungsstörungen führen. Am besten ist es, die Tagesration schon früh in Zimmertemperatur bereitzustellen. Wenn überhaupt, sollten Kohlsorten (außer Chinakohl) und Birnen nur in ganz kleinen Mengen verfüttert werden, da die Meer-

8 | Abwechslung auf dem Speiseplan ist für Meerschweinchen genauso wichtig wie für Menschen.

9 | Ein paar zusätzliche Leckerbissen werden nicht verschmäht.

schweinchen sonst Blähungen bekommen. Rohe Kartoffeln, Kartoffelkraut und grüne Bohnen sind giftig (Solanin = giftiges Alkaloid).

Meerschweinchen, die überwiegend Saftfutter fressen, trinken oft wenig oder gar nicht. Trotzdem ist immer genug Trinkwasser bereitzustellen. Obst und Gemüse muss vor dem Verfüttern unbedingt gewaschen werden, da es oft mit Pestiziden gespritzt wurde.

Futter von Feld und Wiese

Am liebsten fressen Meerschweinchen Pflanzen aus der Natur wie: Löwenzahnblätter, auch die Blüten davon, Gras, Huflattich, Giersch, Gänseblümchen, Vogelmiere, Ackerschachtelhalm, Schafgarbe, Wegerich, Kamille, Beifuß, Melde, Ringelblume u. a.

Klee bitte nur in kleinen Mengen und auf keinen Fall nass untermischen, da er sehr stark bläht! Auch Erdbeer-, Himbeer- und Brombeerblätter sowie die Blätter von Haselnusssträuchern fressen die Tiere. Sie eignen sich übrigens auch gut zum Einfrieren und sind so (natürlich erst nach dem Auftauen!) ein guter Vitamin-Lieferant für unsere Lieblinge im Winter.

Manche Meerschweinchen knabbern auch gern an Hagebutten, die einen besonders hohen Vitamin-C-Gehalt haben. Aber auch sie müssen vor dem Verzehr gründlich abgewaschen werden; sie können neben Umweltschadstoffen auch mit Kot von Vögeln belastet sein.

Im Frühjahr immer nur mit kleinen Mengen Grünfutter beginnen, da sich die Verdauung der Meerschweinchen erst wieder langsam daran gewöhnen muss.

Eine zu schnelle Futterumstellung führt zu starken Verdauungsproblemen. Auch sollte man nur solche Pflanzen sammeln, die man genau kennt, da es eine Reihe giftiger Pflanzen gibt, die dem Meerschweinchen sehr schaden können.

Natürlich sollte kein Grünfutter vom Straßenrand (giftige Autoabgase!) gepflückt werden.

Atemwegserkrankungen

Atemwegserkrankungen kommen relativ häufig bei den Meerschweinchen vor. Um sie zu verhindern, sollte das Tier stets frische Luft zum Atmen haben; die Luftfeuchtigkeit sollte 50–60 % betragen; Käfige sollten nicht unmittelbar an Heizungen aufgestellt werden, und die Tiere sind vor Zugluft zu schützen. Dass man die Tiere nicht auf nassen Unterlagen sitzen lassen sollte, versteht sich von selbst. Nach dem Baden sind sie unbedingt wärmend zu trocknen. Auch eine Rotlichtgabe ist wirkungsvoll.

Man kann das Meerschweinchen auch inhalieren lassen. Dazu stellt man eine Schüssel mit dampfendem Kamillentee etwa 10 Minuten neben den Käfig und deckt mit einer Decke beides zusammen ab.

Natürlich stärkt auch eine abwechslungsreiche und vitaminreiche Kost das

10 | Löwenzahnblätter bereichern den Speiseplan unserer Meerschweinchen

Immunsystem und schützt so vor Atemwegserkrankungen.

Hustet, niest oder keucht das Tier, zeigt es eine pumpende, pfeifende oder rasselnde Atmung, kann es sich um eine Bronchitis oder sogar um eine Lungenentzündung (heftig pumpende Flankenatmung) handeln, und das Tier ist so schnell wie möglich dem Tierarzt vorzustellen.

Die Lungenentzündung ist ansteckend, das erkrankte Tier muss sofort separat gesetzt werden und der Käfig ist gründlich zu desinfizieren. Leider ist die Überlebenschance bei einer Lungenentzündung sehr gering.

Aufzucht von Meerschweinchenwaisen

Meerschweinchen sind Nestflüchter, so dass ihre künstliche Aufzucht zum Glück leichter ist als bei den anderen Nagern.

Wenn ein Neugeborenes seine Mutter verloren hat, ist es natürlich am günstigsten, bei Bekannten oder über den Tierarzt eine Amme ausfindig zu machen. Ist das nicht möglich, muss man die Neugeborenen mit der Handaufzucht großziehen.

Glücklicherweise werden die Meerschweinchenbabys schon im Mutterleib mit Antikörpern versorgt. Da sie auch schon einen Tag nach der Geburt festes Futter aufnehmen können, ist die Handaufzucht von Meerschweinchenwaisen in der Regel nicht sehr problematisch. Meerschweinchen kommen von Anfang an mit 2–3 Mahlzeiten (10–20 % des Körpergewichts pro Mahlzeit), später – wie in freier Wildbahn üblich – sogar mit einer Fütterung aus. Sie benötigen auch eine tägliche Milchmenge von ca. 10–20 g. Man darf keine reine Kuhmilch verwenden, da diese zu viel Laktose enthält. Das würde zu Durchfallerkrankungen führen. Als erste Nahrung kann man Heilnahrung für Menschenbabys verwenden.

Ich habe die Meerschweinchenwaisen immer gut mit Katzenaufzuchtsmilch, auf Körpertemperatur erwärmt und mit der Pipette oder kleiner Einwegspritze (ohne Kanüle) durchgebracht. Katzenaufzuchtsmilch ist beim Tierarzt erhältlich und ist nicht mit der Katzenmilch aus den Zoofachgeschäften zu verwechseln. Hat man keine Katzenaufzuchtsmilch im Haus, kann für den Anfang auch etwas Kräutertee oder eine Mischung aus warmem Wasser und Kondensmilch gegeben werden, damit die Verdauung erst einmal angeregt wird.

Es ist unbedingt darauf zu achten, dass die Tiere ganz langsam trinken, damit sie sich nicht verschlucken und evtl. Milch in die Lunge gerät. Da die Mutter das nicht tun kann, muss nach jeder Mahlzeit die Genital- und Analgegend zur Anregung der Verdauung massiert werden. Damit werden der Harn- und Kotabsatz ausgelöst.

Bei den von mir aufgezogenen Meerschweinchenwaisen hat mich bei der Massagetätigkeit übrigens meine Hündin Nicki, ein Jagdterriermischling, die wie ich vernarrt in Meerschweinchen war, unterstützt. Ihre raue Zunge hatte schnellen Erfolg bei der Verdauungsanregung ihrer kleinen Freunde. Unbedingt beachtet werden muss, dass die Babys gewärmt werden.

Die Darmflora kann zum Beispiel mit Bene-Bac-Gel® (vom Tierarzt) bzw. mit aufgelöstem frischem Kot eines gesunden Meerschweinchens mit zusätzlichen Gaben eines Vitamin-B-Komplexes unterstützt werden.

Bei Blähungen helfen Kümmel- oder Fencheltee, die wie die Milch vorsichtig mit der Einwegspritze eingeflößt werden müssen (vorher natürlich auf Körpertemperatur bringen!).

Etwas ältere Tiere (ab 1½ Wochen) können mit Baby-Obst- und -Gemüsebreien zugefüttert werden. Zarte Haferflocken sind ein guter Energiespender, falls die Kleinen noch kein Trockenfutter zu sich nehmen können.

Wenn man die Möglichkeit hat, sollten die Meerschweinchen-Babys mit den anderen Meerschweinchen zusammengesetzt werden.

So lernen sie schneller, auch anderes Futter wie Körner, Heu, Obst und Gemüse zu fressen und sehen sich auch noch andere Verhaltensweisen von ihren Artgenossen in der so genannten Prägephase ab.

Um die Akzeptanz der anderen Meerschweinchen gegenüber den Babys zu erleichtern, ist es ratsam, die Kleinen mit der Einstreu der „Gasttiere" einzureiben. Dann riechen sie alle gleich, und die Eingewöhnung von allen Seiten ist leichter.

11 | Verwaiste Meerschweinchen sollten zur Gruppe gesetzt werden. Reibt man sie vorher mit der Einstreu der Gruppe ab, werden sie schnell akzeptiert.

Augenerkrankungen

Durch die verhältnismäßig großen Augen der Meerschweinchen, denen die schützende Nickhaut fehlt, können äußere Reize leicht auf die Augen einwirken. So können schädigende Einwirkungen, wie zum Beispiel Staub und Schmutz (Einstreu), Fremdkörper, Zugluft, aber auch Parasiten zu Augenverletzungen und Augenentzündungen führen.

Ist das Auge verklebt, kann man es vorsichtig mit abgekochtem Wasser mit einem nicht fusselnden Wattebausch von außen nach innen auswischen.

Augenentzündungen, die trotz Behandlungen mit Salben oder Tropfen immer wieder auftreten, könnten ein Zeichen dafür sein, dass das Meerschweinchen allergisch auf Heu oder Einstreu reagiert oder eine Zahnerkrankung vorliegt. Zur Abklärung sollte der Käfig mit Papierküchentüchern ausgelegt werden, um zu sehen, ob daraufhin eine Besserung eintritt. Dann sollte ein Wechsel der Einstreu erfolgen.

Augeninfekte mit Hornhauttrübungen bei Neugeborenen sind meist durch die Geburt übertragen worden, da sie mit offenen Augen geboren werden, die einen guten Angriffspunkt für Bakterien bieten. Hier helfen geeignete Tropfen bzw. Salben vom Tierarzt meist recht schnell.

Einseitige Hornhauttrübungen entstehen meist durch eine Verletzung durch Heu- oder Strohhalme. Bitte hier nicht den Versuch starten, Fremdkörper selbst zu entfernen! Er könnte tiefer ins Auge dringen und zu schwerwiegenden Verletzungen bis hin zur Blindheit führen. Leider werden an den Augen verletzte Meerschweinchen meist erst dem Tierarzt vorgestellt, wenn bereits eine Hornhauttrübung vorliegt.

Wenn der Augapfel nach außen tritt, kommen verschiedene Ursachen in Frage. Oft ist es die Folge von Beißereien, von Unfällen oder anderen äußeren Verletzungen. Es kann aber auch eine andere schwerwiegende Erkrankung (wie zum Beispiel Tumoren) vorliegen, die der Tierarzt abklären muss.

Bei erblindeten Meerschweinchen ist eine Behinderung oft kaum auffällig; in gewohnter Umgebung finden sie sich gut zurecht.

Das Tierchen erleidet bei vielen Augenkrankheiten Schmerzen, und es sollte mit dem Besuch beim Tierarzt nicht gewartet werden! Auf gar keinen Fall dürfen vorhandene Augentropfen oder -salben aus der menschlichen Hausapotheke für das Meerschweinchen verwendet werden, da sie zum Teil das Auge des Tieres zusätzlich schädigen können!

Diabetes mellitus (Zuckerkrankheit)

Auch Meerschweinchen können an Diabetes erkranken. Sie zeigen dabei kaum eine Störung ihres Allgemeinbefindens. Allerdings trinken sie auffallend viel, scheiden dementsprechend viel Harn aus, haben einen ungebremsten Appetit und neigen dann natürlich zu Fettsucht.

Im Harn lässt sich mithilfe des Teststreifens eine erhöhte Zuckerausscheidung feststellen. Ein sicherer Erkrankungsnachweis gelingt dem Tierarzt anhand einer Blutuntersuchung. Erkrankte Tiere müssen täglich mit Insulininjektionen behandelt werden. Sie zeigen dann schnell eine Besserung des Krankheitsbildes.

Gewichtsprobleme

Gesunde erwachsene Tiere haben ein Gewicht von bis zu 1100 g (Weibchen) und 1800 g (Männchen).

Übergewicht

Bei ausgewogener Ernährung und reichlich Bewegung wird das Meerschweinchen kaum zu Übergewicht neigen. Um Schwankungen des Gewichts zu kontrollieren, sollte man sein Meerschweinchen regelmäßig wiegen (geht gut mit der Küchenwaage!) und das Gewicht notieren.

Dicke Tiere werden träge und anfällig für Krankheiten. Will man das Gewicht seines Tieres reduzieren, sollte man Frischfutter nur in einer Menge von 40 bis 60 g pro Tag reichen und auf jeden Fall Körnerfutter sehr reduzieren (ca. 20 g pro Woche!).

Brot und Zwieback sollten auf dem Speiseplan gestrichen werden und dafür Zweige zum Nagen angeboten werden. Heu und Stroh können in unbegrenzter Menge gegeben werden. Dazu viel Wasser (möglichst mit Vitamintropfen anreichern) geben. Es sollte dem Tier mehr Bewegung (im Freilauf) geboten werden. Auf keinen Fall darf ein Fastentag eingelegt werden! Das würde sofort zu Verdauungsstörungen führen.

Extremes Übergewicht ist lebensbedrohlich (u. a. schwerwiegende Lebererkrankungen), und es sollte der Tierarzt aufgesucht werden, der einen medizinisch kontrollierten „Abspeckplan" vorschlägt!

12 | Regelmäßiges Wiegen dient zur Überprüfung der Entwicklung und zur Gesundheitskontrolle.

Gewichtsabnahme

Eine Gewichtsabnahme sollte immer im Auge behalten werden, d. h. die Tiere sollten in regelmäßigen Abständen gewogen werden. Das ältere Meerschweinchen verliert häufig an Gewicht, weil es durch das Nachlassen des Geruchs- und Geschmackssinnes nicht mehr so großen Appetit hat und es seine Nahrung auch nicht mehr optimal verwerten kann. Bei größerer Gewichtsabnahme kann man diese meist durch höhere Gaben von Kraftfutter stoppen, sofern das Tier keine Probleme mit dem Nagen hat. Haferflocken sind übrigens auch ein guter Energiespender.

Wenn von zwei oder mehreren zusammenlebenden Böckchen eines plötzlich abnimmt, leidet es womöglich unter der Dominanz der anderen. Weil es dann sogar sterben kann, muss man sie schnellstens trennen. Appetitlosigkeit mit nachfolgender Gewichtsabnahme kann aber auch durch Zahnprobleme verursacht werden. Auf Zahnanomalien deutet gelegentlich Speicheln hin.

Harnwegserkrankungen

Nierenerkrankungen

Nierenerkrankungen werden beim Meerschweinchen selten festgestellt, weil in leichteren Fällen die Symptome der Erkrankung nicht sehr gravierend sind. Die Tiere sind teilweise apathisch, zeigen Appetitlosigkeit und Abmagerung.

Harnblasenerkrankungen

Zu Störungen des Allgemeinbefindens des Meerschweinchens führen nur schwere bakterielle Harnblaseninfektionen. Die Erkrankung beschränkt sich ausschließlich auf weibliche Tiere.

Eine Blasenerkrankung erkennt man daran, dass die Tiere in der Scheidengegend bis zur Hälfte des Bauches von Harn durchfeuchtet sind. Im fortgeschrittenen Stadium ist Blut im Urin zu beobachten. Der Harn lässt sich oft nur tropfenweise absetzen. Hält die Erkrankung an, zeigt das Meerschweinchen eine Änderung seines Verhaltens: Es frisst schlecht und ist apathisch. Das Fell riecht recht streng nach Urin.

Wohltuend empfinden erkrankte Tiere Wärme (auf Wärmeflasche setzen, Bestrahlung mit Infrarotlicht). Sie müssen viel trinken (auch Blasen- und Nierentee). Ebenso ist die Gabe von sehr flüssigkeitsreichem Obst und Gemüse wichtig wie Melone, Gurke, Tomate, damit die Krankheitskeime ausgespült werden.

Ist ein Tierarztbesuch vorgesehen, sollte man möglichst eine Urinprobe des erkrankten Tieres mitnehmen. Hierzu ist das Tier in eine saubere Schüssel ohne andere Unterlage zu setzen. Dann kann man den ausgeschiedenen Urin in einen kleinen Behälter umfüllen.

Der Teststreifen wird über die Art der Erkrankung Aufschluss geben. Bei länger dauerndem Krankheitszustand des Tieres ist zusätzlich eine Antibiotikum-Gabe über den Tierarzt unerlässlich.

Blasensteine

Bei unsachgemäßer Fütterung (unausgewogene Mineralstoffversorgung, besonders viel Kalzium – überwiegend im Trockenfutter, aber auch in Luzerneheu, Dill, Brokkoli, Petersilie oder Kohlrabiblättern enthalten) und zu geringer Flüssigkeitsaufnahme erkranken die Meerschweinchen schnell an Blasensteinen.

Bei Männchen ist eine Erkrankung auf Grund ihrer anatomischen Verhältnisse oft problematischer. Die Weibchen scheiden durch die relativ kurze, weite Harnröhre leichter Steine aus, zumal der Harn unter größerem Druck abgesetzt wird. Die an Blasensteinen erkrankten Tiere sind meist älter als 3 Jahre.

Blasensteine verursachen dem Tier unterschiedliche Beschwerden: zeitweise sind sie völlig schmerzfrei, dann wiederum treten kolikartige Anfälle und Schmerzäußerungen beim Absetzen des Harns auf. Auffällig sind die gekrümmte Haltung mit eingezogenem Bauch sowie eine Schmerzreaktion beim Druck auf die Blase.

Die tierärztliche Untersuchung mithilfe des Teststreifens (Blut im Harn) sowie eine Röntgenuntersuchung geben schnell Aufschluss über die Erkrankung. Blasensteine können operativ entfernt werden. Um einer erneuten Bildung vorzubeugen, sollte das Meerschweinchen in Zukunft viel trinken bzw. es sollten viele wasserhaltige Obst- und Gemüsesorten wie zum Beispiel Melone, Gurke und Tomate verfüttert werden. Harnsteinpatienten sollten möglichst wenig oder gar keine stark kalziumhaltigen Futtermittel wie Luzerne, Kohlrabiblätter, Petersilie, Dill, Brokkoli u. a. erhalten.

Hautkrankheiten

Hautkrankheiten treten beim Meerschweinchen relativ häufig auf. Sie sind der häufigste Grund zum Aufsuchen des Tierarztes. Schuld sind oft schlechte Haltungsbedingungen und Mangelernährungen. Wie bei allen Krankheitserscheinungen gilt auch hier: Je schneller das Tier behandelt wird, desto besser sind die Behandlungsaussichten.

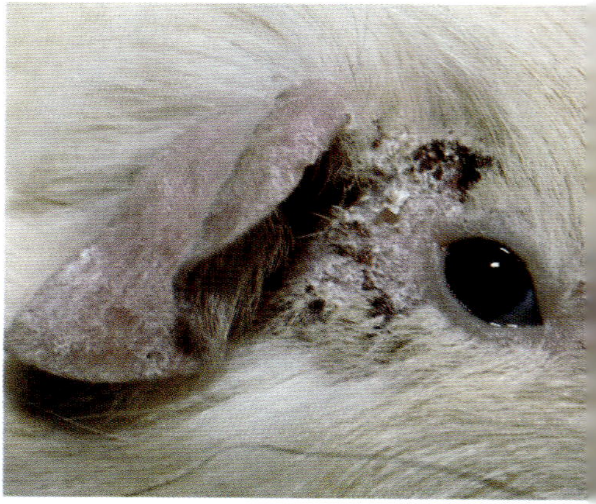

13 | Hautkrankheiten treten bei Meerschweinchen relativ häufig auf.

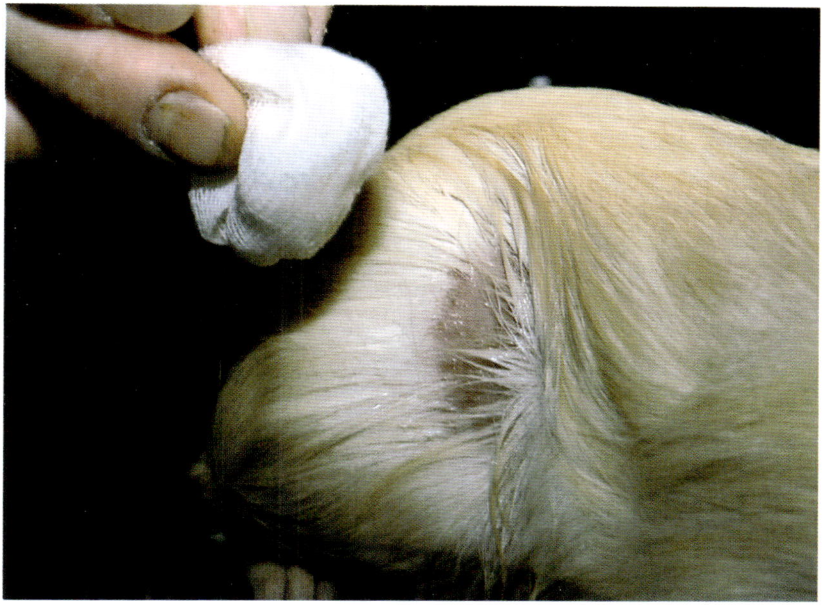

14 | Die erkrankten Hautstellen werden gereinigt und anschließend desinfiziert.

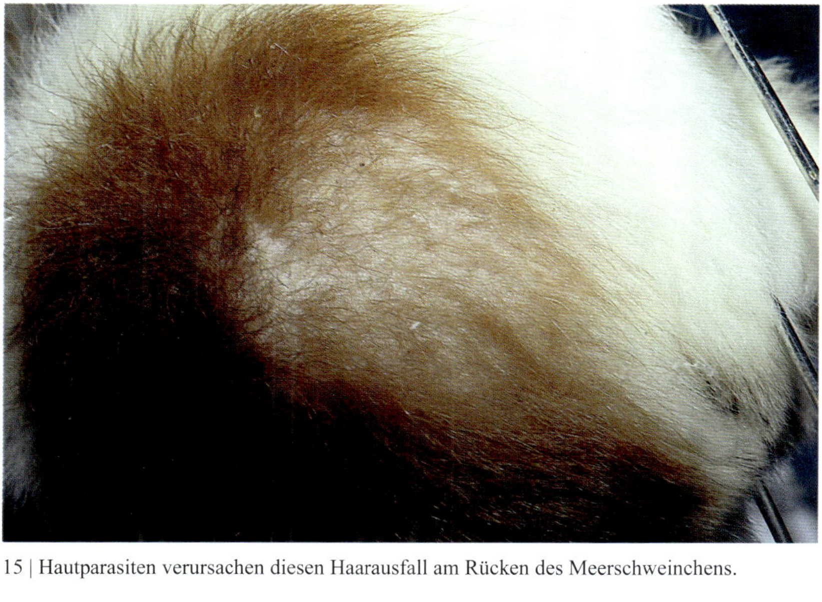

15 | Hautparasiten verursachen diesen Haarausfall am Rücken des Meerschweinchens.

Lippengrind

Bei abwehrgeschwächten oder verletzten Meerschweinchen bildet sich manchmal auf der Oberlippe ein Schorf im Spalt zwischen den oberen Nagezähnen. Wenn man ihn vorsichtig ablöst, bleibt eine blutende Wunde zurück, die bald wieder verschorft. Wird der Lippengrind (Cheilitis) nicht behandelt, sind auch bald die Lippenwinkel betroffen, und das Tier hat beim Öffnen des Mäulchens Schmerzen.

Verursacht wird der Schorf durch Bakterien, die man überall in unserer Umgebung finden kann. Vitaminreiches Futter, Zufütterung von Sonnenblumenkernen oder Leinsamen in geschroteter Form (wichtige Fettsäuren!) zeigen gute Erfolge. Strenge Hygiene sowie Medikamente (Salbe, evtl. Vitamine) vom Tierarzt unterstützen die Heilung des Tieres. Lippengrind kann aber auch durch Räudemilben, Pilzinfektionen, Erkältungen, Verletzungen und durch abgebrochene Zähne, die von innen die Lippe verletzen, entstehen. Eine Abklärung durch den Tierarzt sollte auf jeden Fall erfolgen.

Hautparasiten

Hautparasiten wie Haarlinge und Milben treten oft bei schlechten Haltungs- und Ernährungsbedingungen der Meerschweinchen auf. Auch eine Ansteckung durch neu erworbene Tiere ist nicht selten. Deshalb sollte das Fell des Tieres

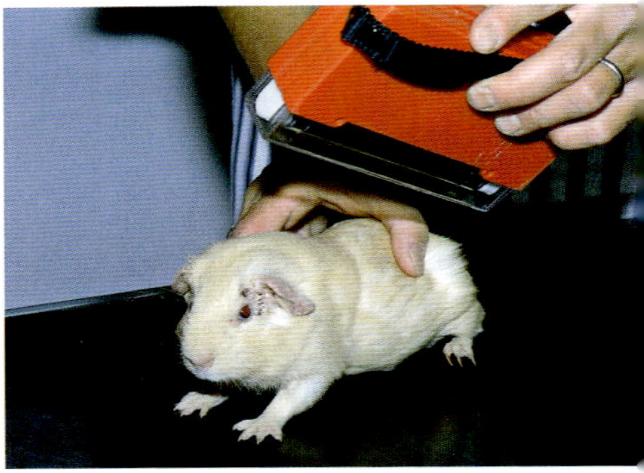

16 | Mithilfe einer Lampe prüft der Tierarzt den Befall mit Hautparasiten.

des Öfteren auf Parasiten untersucht werden.

Haarlinge

Kleine, weiße, sich wie Würmchen bewegende Lebewesen sind meist Haarlinge. Sie sind in kleinerem Vorkommen recht harmlos und mit menschlichen Läusen zu vergleichen. Haarlinge ernähren sich von Hautschuppen, gelegentlich auch von Blut.

Man findet sie überwiegend im Kopfbereich (Ohren, Augen, Hals), in der Achselhöhle und an den Innenflächen der Vorderbeine, bei starkem Befall auch am Rücken des Tieres. Die Stärke des Befalls und ihre schädigende Wirkung sind abhängig von der Widerstandskraft des jeweiligen Tieres.

Wer sein Tier beobachtet und häufig in die Hand nimmt, dem bleibt ein Haarlingsbefall – auch ohne Lupe – kaum verborgen. Ein Besuch beim Tierarzt ist unerlässlich (Medikamente für die Haut und Umgebung des Tieres!). So hat die

Krankheit gar nicht erst die Möglichkeit, sich weiter auszubreiten, und der Schaden ist schnell behoben. Unbehandelte Tiere magern ab und werden krankheitsanfällig (u. a. Lungenentzündung!).

Milben

Die zu den Spinnentieren zählenden Milben (es gibt kaum eine direkte Übertragung – Milben aus der Natur verursachen keine Krankheit –, Auslöser sind meerschweinchenspezifische Milben) treten beim Meerschweinchen als so genannte Pelzmilbe, Haarbalgmilbe, Raubmilbe oder auch Räudemilbe auf. Auch in den Ohrgängen kann man (allerdings sehr selten) Milben vorfinden.

Milben beißen, stechen und saugen und können dem Meerschweinchen sehr zusetzen, wobei die Haarbalg- und Pelzmilben als lästige, aber eher harmlose Schmarotzer anzusehen sind. Sie sind leichter zu bekämpfen. Da die Räude- und Raubmilbe unter der Haut des Tieres leben, setzen sie ihm mehr zu und müssen so schnell wie möglich vom Tierarzt (innerlich) bekämpft werden.

Räudemilben

Räudemilben sind Grabmilben. In tunnelartigen Gängen legen die weiblichen Tiere ihre Eier ab. Die Meerschweinchen zeigen anfangs Hautveränderungen mit schuppigen und krustigen Entzündungserscheinungen im Lippen- und Nasenbereich. Später wird der ganze Körper befallen. Die Haut wird dick, faltig und färbt sich oft dunkel. Die Haare fallen aus.

Die Tiere leiden unter starkem Juckreiz, neigen zu Anfällen ähnlich der Epilepsie, magern ab und sterben ohne Behandlung schließlich an Entkräftung.

Bei Räudemilben sind innerhalb von 7–10 Tagen drei Injektionen eines Medikamentes vom Tierarzt sehr wirksam (schon nach der 1. Injektion deutliche Besserung!).

Nicht unerwähnt bleiben soll, dass für eine Räudeerkrankung Belastungssituationen (jegliche Form von Stress für das Tier) und schlechte Haltungsbedingungen (schlechtes Heu) oder auch ein Vitamin-C- bzw. ein Vitamin-A-Mangel auslösende Faktoren sein können.

Pelzmilben

Die recht harmlosen Pelzmilben leben im Fell der Meerschweinchen (vorwiegend hintere Rückenpartie und Außenseite der Oberschenkel) und verursachen erst bei Massenbefall Jucken, Haar- und Hautveränderungen.

Therapiert werden die Pelzmilben wie Haarlinge.

Haarbalgmilbe

Die Haarbalgmilbe wird beim Meerschweinchen selten nachgewiesen. In leichten Fällen zeigt das Tier keine Symptome, lediglich der Haarwuchs ist etwas dünner.

Ein hochgradiger Befall mit Haarbalgmilben kann aber auch zu größeren Krankheitszeichen führen.

Auch hier wird der Tierarzt mit Injektionen eine schnelle Heilung des Tieres herbeiführen.

Zeigt das Tier sehr starken Juckreiz, der auch nach dem Absterben der Milben noch auftreten kann, kann man hier eine Linderung durch täglich 2-maliges Auftragen einer 10%igen Anästhesin-Salbe (Apotheke) erreichen.

Raubmilben

Raubmilben ernähren sich von den eventuell auf dem Meerschweinchen lebenden Milben. Sind keine Milben vorhanden, ernähren sie sich wie die Haarlinge von Hautpartikeln des Meerschweinchens.

Raubmilben zeigen sich oft auf dem Rücken, führen zu Unruhe, Juckreiz und großer Schuppenbildung und müssen natürlich auch bekämpft werden (Therapie über den Tierarzt wie bei Haarlingen!).

Pilzerkrankungen

Nicht selten treten beim Meerschweinchen Pilzerkrankungen der Haut auf (oft durch Einstreu oder Putzlappen, denen Pilze und Sporen anhaften, oder durch Futter eingeschleppt). Auch schlechte Haltungsbedingungen (zu viele Meerschweinchen auf engem Raum, zu hohe Luftfeuchtigkeit) können zu Pilzbefall führen. Sie werden oftmals durch junge, neu in den Bestand aufgenommene Tiere eingeschleppt.

Auf eine Pilzerkrankung deuten abgebrochene, ausgefallene Haare und Juckreiz hin. Zeigt sich diese Hautkrankheit zuerst in Form runder, haarloser Stellen im Bereich des Nasenrückens, der Augenumgebung und im Bereich der Schnauze, breitet sie sich später auf den Rücken und die Gliedmaßen aus. Das Tier zeigt nässende, teils von Schuppen und Krusten bedeckte Kahlstellen. Eine innerliche und äußerliche Behandlung des Tieres durch den Tierarzt ist dringend erforderlich.

Achtung! Pilzerkrankungen der Meerschweinchen sind auf den Menschen übertragbar (und umgekehrt!). Deshalb möglichst die Tiere bis zur Heilung mit Gummihandschuhen anfassen!

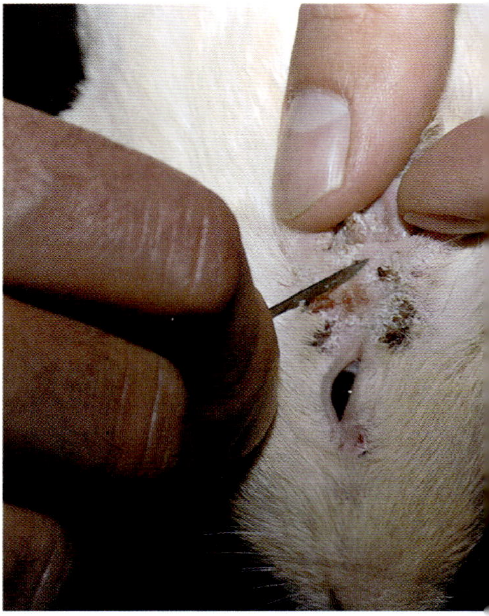

17 | Der Schorf wird vorsichtig vor der eigentlichen Behandlung abgelöst.

Allergien

Auch Meerschweinchen können an einer Allergie erkranken. Am häufigsten werden sie durch die verwendete Einstreu wie Stroh, Säge- oder Hobelspäne mit Anteilen exotischer Holzarten, Heustaub und Katzenstreu verursacht. Shampoos, die häufig bei Langhaarmeerschweinchen angewendet werden, wirken ebenfalls allergieauslösend.

Die betroffenen Tiere werden durch den Juckreiz unruhig, zeigen häufig Augenentzündungen und Haarausfall.

Nach Wechsel der Einstreu (evtl. Bio-Einstreu) tritt meist schnell eine Besserung ein. Ist das nicht der Fall, sollte das Tier dem Tierarzt vorgestellt werden.

Haarausfall

Das Meerschweinchen hat einige haarlose Hautbezirke wie hinter den Ohren, an den Fußsohlen, an den Zehen und Ballen. Spärliche Behaarung zeigt es an den Ohren, an den Oberschenkeln, an den Zitzen, beim Männchen an den Hoden und beim Weibchen im Schambezirk.

Genau wie beim Menschen unterliegt die Haarentwicklung beim Meerschweinchen einem Zyklus, das heißt, das Haar wächst, fällt aus und erneuert sich wieder.

Stress der Tiere (zum Beispiel beim Tierarztbesuch usw.) kann zu einem erheblichen plötzlichen Haarverlust führen. Beidseitiger Haarausfall an den

18 | Kahlstellen können z. B. auch nach plötzlichem Stress auftreten.

Flanken des weiblichen Meerschweinchens tritt häufig nach Trächtigkeit und Geburt durch Hormonstörungen auf. Aber auch Eierstockzysten können Ursache dieses Haarausfalls sein.

Eine medikamentelle Behandlung über den Tierarzt bringt meist baldige Besserung. Haarausfall nach der Geburt regeneriert sich von selbst und bedarf bei guter, abwechslungsreicher Ernährung selten einer Therapie.

Hauttumoren

Die Hauttumore beim Meerschweinchen (Fettablagerung per se beim Tumor Lipon ist eine tumoröse Entartung der Fettzellen) sind meist gutartig. Sie entstehen durch entartete Talgdrüsen und Fettgewebszellen. Sie lassen sich meist problemlos durch eine Operation entfernen.

19 | Abszesse werden durch bakterielle Infektionen verursacht. Bitte nicht selbst behandeln.

Abszesse

Bei Abszessen, die durch bakterielle Infektionen gelegentlich im Hals- und Ballenbereich auftreten, wird die Haut dünner und fühlt sich wärmer an. Sie müssen vom Tierarzt geöffnet und gespült werden und meist muss ein Antibiotikum gegeben werden, da es sonst zum Durchbruch und zu einer Blutvergiftung durch Ausbreitung der Keime kommt. Es bedeutet Lebensbedrohung für unser Tier!

Herz-Kreislauf-Erkrankungen

Herz-Kreislauf-Erkrankungen kommen beim Meerschweinchen nicht sehr häufig vor. Durch permanenten Stress und zu hohe Temperaturen kann es aber durchaus zu einem Kreislaufzusammenbruch kommen.

Überhitzung und Hitzeschock

Da das Meerschweinchen nur hecheln und nicht schwitzen kann und ein dichtes Fell besitzt, kommt es im Sommer leicht zu einer Überhitzung des Tieres.

Besonderes Augenmerk muss man darauf richten, dass es nicht zu hohen Umgebungstemperaturen (zum Beispiel im Auto) oder zu hoher Sonnenbestrahlung ausgesetzt ist.

Wenn dann noch ausreichendes Trinkwasser fehlt, bedeutet es ein Fiasko für die Tiere. Sie zeigen eine schnelle, flache Atmung, einen erhöhten, schwachen Puls und völlige Teilnahmslosigkeit. Die Lunge ist das Schockorgan des Meerschweinchens!

Wenn man jetzt nicht schnell handelt, sterben die Tiere an Herz-Kreislauf-Versagen. Um das zu verhindern, muss das Tier schnell an einen kühlen, schattigen Ort gebracht werden, und man sollte es rasch in ein nasses, kaltes Tuch einwickeln.

Auf keinen Fall darf man das Tier in kaltes Wasser eintauchen – der Schock wäre vorprogrammiert, und das Tierchen könnte sterben.

Ist die Raumtemperatur sehr hoch, kann man Abhilfe schaffen, indem man in Nähe des Meerschweinchengeheges ein paar Handtücher mit eiskaltem Wasser tränkt und sie in Gehegenähe aufhängt.

Durch die Verdunstung des Wassers entsteht auch an schwülen heißen Tagen eine angenehme Kühle im Raum, und das Tier fühlt sich besser.

Herzerkrankungen

Auch Meerschweinchen können herzkrank werden. Sie sind dann oft bewegungsunlustig, fressen schlecht und verlieren an Gewicht. Auch kalte Füße sind nicht selten.

Eine Diagnose kann nur vom Tierarzt durch Abhören des Tieres, Röntgen oder ein EKG gestellt werden. Manchmal muss das Tier dann lebenslang Herzmedikamente verabreicht bekommen.

Sogar einen Herzinfarkt kann das Meerschweinchen erleiden. Sie springen dann plötzlich auf, haben Zuckungen, fallen auf die Seite, schnappen nach Luft und sind tot.

Deshalb ist bei Verdacht auf eine Herzkrankheit ein umgehender Tierarztbesuch nötig!

Lebenswichtige Hygiene

Pflege des Nagerheims

Oft hört man das Vorurteil, dass Meerschweinchen stinken. Das stimmt nicht. Geruchsbelästigend sind verschmutzte Einstreu durch Kot und Urin sowie verfaulte Essensreste. Durch ihre Gefräßigkeit produzieren Meerschweinchen viel Kot und Urin.

Wenn man aber dafür sorgt, dass das Meerschweinchengehege regelmäßig gründlich gereinigt wird, das heißt also mindestens alle 3–4 Tage, je nach Besatz der Unterkünfte, dann bleibt die Luft in der Umgebung auch rein. Dabei sollte man auch darauf achten, dass das Schlafhäuschen, an dessen Wänden oft Urin- und Kotreste haften, mitgesäubert

20 | Die regelmäßige Reinigung des Nagerheims verhindert Geruchsprobleme.

21 | Besonders bei langhaarigen Meerschweinchen ist regelmäßiges Bürsten des Fellhaars angesagt.

wird. Auf die Sauberkeit der Futternäpfe ist täglich zu achten. Urinstein lässt sich gut mit Essig- oder Zitronensäure entfernen.

Verdorbenes Futter, abgestandenes Trinkwasser und unsaubere Käfige begünstigen das Wachstum von gesundheitsschädigenden Organismen wie Bakterien, Viren und Pilzen, die das Tier krank machen. Auch können in verschmutzter Umgebung leicht Parasiten übertragen werden.

Fellpflege

Meerschweinchen sind von Natur aus reinliche Tiere. Deshalb bedürfen Glatthaarmeerschweinchen keiner besonderen Fellpflege. Die Langhaarmeerschweinchen, die in der Natur ja nicht vorkommen, sondern Züchtungen des Menschen sind, kommen ohne unsere Hilfe nicht aus. Ihr Fell würde schnell verkleben und verfilzen. Hier sollte man das Fell auf Bodenlänge kürzen und es vorsichtig kämmen. Das hat das Tier aber nicht sehr gern, muss aber leider sein.

Das Tier sollte möglichst nicht gebadet werden (Meerschweinchen hassen Wasser!). Zu leicht kann es sich erkälten. Sollte ein Bad doch einmal unumgänglich sein, ist das Tier gut abzutrocknen, auf eine wärmende Unterlage (Wärmeflasche) zu setzen und zusätzlich mit Rotlicht (die Lampe muss von oben und nicht zu dicht auf den Käfig ausgerichtet werden, damit der Abstand konstant bleibt, und zur Kontrolle muss man längere Zeit die eigene

Hand unterhalten!) zu bestrahlen, damit das Tier nicht unterkühlt. Damit das Meerschweinchen auf der Wärmeflasche bleibt, lege ich diese übrigens in einen nicht zu weiten Einkaufskorb, lege die Umgebung der Wärmeflasche so mit Handtüchern aus, dass der Korb insgesamt eine Ebene hat und die Tiere nicht von der wärmenden Unterlage herunterrutschen können.

Dann stelle ich den Korb mit dem Schweinchen in sein Gehege und decke die Hälfte des Korbes (sofern keine Rotlichtlampe aufgestellt wird!) mit einem Handtuch ab. Dann fühlt das Meerschweinchen sich geschützt und bleibt entspannt sitzen.

Damit das Tier nicht durch die Wärmeentwicklung austrocknet, bekommt es natürlich noch eine dicke Scheibe Gurke oder Melone als Saftfutter in die „Krankenstube" gereicht!

Krallenpflege

Die Vorderpfoten der Meerschweinchen haben vier, die Hinterpfoten drei Krallen. Diese wachsen ständig nach und bedürfen kontinuierlicher Pflege, das heißt sie müssen gekürzt werden (was bei Tieren mit Freilauf überwiegend nicht notwendig ist). Wenn man Angst hat, dabei die Blutgefäße zu verletzen (besonders bei dunklen Krallen), ist es günstig, die „Maniküre" vom Tierarzt vornehmen zu lassen. Denn bei einer Verletzung des so genannten „Lebens" (in der Kralle befindliche Blutgefäße und Nerven) erleidet das Tier Schmerzen, und es kann zu Infektionen kommen. Besonders die Krallen der Vorderfüße wachsen oft korkenzieherartig, und der ganze Fuß wird bei mangelhafter Krallenpflege zur Seite verdreht. Die Tiere können

22 | Eine Missbildung der Krallen (Polydaktylie) tritt vereinzelt bei Meerschweinchen auf.

sich dann nur schlecht fortbewegen und bilden nicht selten Geschwüre.

Krallen wachsen bei mangelnder Pflege auch in den Ballen ein und bereiten dem Tier große Schmerzen. Beim Krallenschneiden sollte man auch die Fußsohlen inspizieren. Auch diese können Verletzungen (besonders bei übergewichtigen Tieren oder mangelnder Käfighygiene!) aufweisen, die sich entzünden und dem Tier Probleme bereiten (Sohlengeschwüre).

Übrigens kann man das Krallenwachstum etwas verzögern, wenn man in das (geräumige) Nagerheim einen oder mehrere Ziegelsteine legt, über die das Meerschweinchen laufen kann/muss. So kann man zum Beispiel besondere Leckerbissen dahinter verstecken, die sich das Tierchen „erarbeiten" muss. Auf diese Weise hat es gleich noch etwas mehr Bewegung, und die Krallen wetzen sich ab.

Lebererkrankungen

Die Leber nimmt für den gesamten Stoffwechsel eine zentrale Rolle ein. Mit allen übrigen Organen steht es in enger Wechselbeziehung. Welche entscheidende Rolle der Leber zukommt, zeigt sich schon darin, dass sich bei rund zwei Dritteln aller Erkrankungen beim Meerschweinchen eine Mitbeteiligung der Leber zeigt (meist erst durch Sektionen der Tiere nachzuweisen).

Ursächlich für Lebererkrankungen können Infektionserkrankungen durch Bakterien oder Viren und auch Tumorerkrankungen sein. Wenn ein Meerschweinchen durch mangelnden Appetit weniger Futter aufnimmt, und sei es auch nur durch die häufig auftretenden Zahnprobleme, hat das eine Lebererkrankung zur Folge.

Eine zu kalorienreiche Fütterung führt wiederum nicht nur zur Verfettung der Tiere, sondern auch zu Leberschäden bis hin zum Leberversagen im schlimmsten Fall.

Bei einer Leberkrankheit haben die Meerschweinchen häufig Bauchschmerzen, sie sitzen mit gesträubtem Fell und aufgeblähtem Bauch im Käfig und fressen schlecht oder gar nicht. In solchen ernsten Fällen kann nur der Tierarzt helfen – und zwar so früh wie möglich!

Lymphknotenvergrößerungen

Hinter einer Vergrößerung der Lymphknoten kann sich eine schwerwiegende Erkrankung verbergen, die Leukose, eine Viruserkrankung. Diese Erkrankung wird bereits während der Trächtigkeit vom Muttertier auf das Ungeborene oder nach der Geburt über die Milch übertragen. Während man beim gesunden Tier die Lymphknoten im Hals-, Kiefer-, Achsel- und Leistenbereich kaum ertasten kann, vergrößern sich diese im fortgeschrittenen Stadium der Leukose erheblich.

Bei einem meiner Meerschweinchen erreichte die Lymphknotenschwellung, durch eine Leukose ausgelöst, im unteren Halsbereich fast die Kopfgröße des

Tieres. Nach Feststellung der Krankheit lebte es allerdings noch fast zwei Jahre bei gutem Allgemeinbefinden. Da die Krankheit nicht heilbar ist, musste das dreijährige Tier, zumal das Köpfchen durch die Geschwulst kaum noch gehalten werden konnte und das Allgemeinbefinden stark beeinträchtigt war, aber letztendlich eingeschläfert werden.

Aber nicht immer bedeutet eine Lymphknotenschwellung auch die todbringende Leukose. Es kann auch eine andere Erkrankung dahinterstecken, wie zum Beispiel eine Schwellung der Lymphknoten bei einer Infektionsabwehrreaktion des Körpers.

Auch *Streptokokken- und Staphylokokken-Infektionen*, die durch Bakterien hervorgerufen werden, äußern sich in Lymphknotenschwellungen. Außerdem können Gelenkentzündungen, Rötungen und Schwellungen der männlichen Geschlechtsorgane, Abszesse, Durchfall und andere Symptome auftreten. Wird die Krankheit frühzeitig erkannt, bestehen gute Heilungschancen, unbehandelt führt sie aber zum Tod des Tieres.

Deshalb unbedingt schnell den Tierarzt konsultieren!

Magen-Darm-Erkrankungen

Der Darm des Meerschweinchens ist über zwei Meter lang – kaum vorstellbar bei diesem relativ kleinen Tier. Der Wasseranteil im Darm des Tieres beträgt je nach Fütterung zwischen 10 und 20 % des Körperwassers (beim Hund übrigens nur 3 %!). Wenn über das Futter oder Trinkwasser zu wenig Flüssigkeit aufgenommen wird, wird dem Körpergewebe viel Wasser entzogen.

Die Magen-Darm-Passage ist recht störanfällig, und die Darmflora ist nach Infektionen nur schwer regenerierbar. Deshalb ist es besonders wichtig, dem Tier nur Futter zu verabreichen, das ihm bekömmlich ist. Bei mehrtägiger Futterverweigerung ist die Darmtätigkeit erheblich gestört.

Deshalb ist eine Zwangsfütterung mit Babybrei oder rohfaserreichem Spezialfutter (Critical Care®) vom Tierarzt oft unerlässlich.

Verdauungsspezialist ist übrigens der Blinddarm bei den Meerschweinchen. Er verdaut die Rohfaser, und es entsteht (überwiegend nachts) der so genannte „Blinddarmkot“. Dieser Kot besteht aus Vitaminen (Vitamin K und B-Komplex), Bakterien und Eiweißen, die notwendig für die Tiere sind.

In sitzender Haltung nimmt das Meerschweinchen den hellbraunen Blinddarmkot direkt vom After auf und frisst ihn unzerkaut. Im Magen wird er dann endgültig verdaut. Dieser Vorgang ist lebenswichtig. Würde man das Meerschweinchen am Kotfressen hindern, würde es innerhalb von 2 bis 3 Wochen sterben. Durch das Kotfressen dauert die Darmpassage im Schnitt 66 Stunden. Der Blinddarm nimmt übrigens mehr als die Hälfte des Magenvolumens ein. Verdauungsstörungen entstehen also schnell, wenn dieser Darmabschnitt unterversorgt ist. Die ständige Zufuhr von Heu ist also ganz besonders lebenswichtig.

Auf diese Weise stellen die Meerschweinchen aus zellulosereichem Futter alle Nährstoffe und Vitamine selbst her. Vitamin C braucht es allerdings zusätzlich.

Trommelsucht, Blähsucht

Ein Trommelbauch entsteht, wenn die Verdauung des Tieres gestört ist. Das Futter wird nicht richtig verdaut, sondern gärt im Darm. Die dabei gebildeten Gase können nicht entweichen, denn es kommt gleichzeitig zu Krämpfen im Darm, und der Darm wird verschlossen. Die Gase blähen den Bauch auf.

An der Gärung ist meist das falsche Futter schuld. Vielfach wird es verursacht durch die Gabe von zu viel Kraftfutter, denn es enthält Zucker und viel Stärke. Diese beiden Inhaltsstoffe begünstigen das Wachstum schädlicher Bakterien im Darm und führen zu Fehlgärungen als Grundursache für das Aufblähen. Wenn dann noch andere Fütterungsfehler hinzukommen wie angefrorenes Futter oder eine Gabe von zu viel Klee, hat das Tier arge Probleme.

Durch den Druck auf das Zwerchfell kommt es häufig zu Atembeschwerden und Kreislaufstörungen. Der Blutfluss wird behindert und die Arbeit von Herz und Lunge werden gestört. Das Tier liegt häufig in Seitenlage.

Ein aufgeblähter Bauch ist bei Meerschweinchen ein Notfall!

Der Tierarzt wird ein entspannendes Mittel spritzen, damit die Gase entweichen können!

23 | Heu braucht jedes Meerschweinchen, um seine Verdauung in Gang zu halten. Heu ist auch erstes Nahrungsmittel nach Erkrankungen.

Ganz wichtig ist es nach diesem Vorfall, die Fütterung zu verändern. Es gilt auch hier wieder: viel Heu, wenig Kraftfutter, anfänglich kein Frischfutter.

Durchfall

Magen-Darm-Erkrankungen können auf Entzündungen, Viruserkrankungen oder Fütterungsfehlern basieren und äußern sich häufig in Durchfall. Meist hängen sie mit Schadstoffen im Futter zusammen.

Durchfallerkrankungen kann man mit zerkleinerten Kohletabletten (in Wasser auflösen!) und Haferflocken behandeln. Auch sauberes Heu eignet sich gut zur Durchfallbehandlung. Grünfutter sollte jetzt nicht verfüttert werden. Nur Äpfel und Möhren sind erlaubt. Den Tieren muss ausreichend Wasser, angereichert mit Vitamintropfen, Kamillentee oder dünner schwarzer Tee zur Verfügung stehen.

Gekochter Leinsaatschleim wirkt auf Magen und Darm beruhigend. Da er dem Meerschweinchen nicht schmeckt, ist er über eine Einwegspritze vorsichtig in das Maul zu geben (Achtung, Verschluckungsgefahr!). Um die Darmflora wieder herzustellen, kann man dem Meerschweinchen etwas naturbelassenen Bio-Joghurt (also Joghurt ohne Frucht- oder sonstige Zusätze), der Lactobazillen enthält, geben.

Der Afterbereich des Tieres ist zunächst feucht und dann trocken sauber zu wischen. Wärmezufuhr (Wärmeflasche) tut dem erkrankten Tier gut (dabei aber immer auf ausreichende Flüssigkeitszufuhr achten, damit das Tier nicht austrocknet!).

Ist das Meerschweinchen an Durchfall erkrankt, ist eine peinliche Hygiene unbedingt einzuhalten.

Verunreinigte Stellen im Käfig sind ständig zu säubern; das Heu und anderes Futter sollte den Meerschweinchen nicht auf dem Boden angeboten werden.

Die Tiere sollten von den anderen getrennt werden, um eine Ansteckungsgefahr zu vermeiden.

Da bei Durchfall auch das lebenswichtige Kotfressen (Koprophagie) unterbleibt, sollte mit dem Tierarztbesuch nicht zu lange gewartet werden.

Bei länger anhaltendem (2 Tage dauerndem), heftigem Durchfall oder Blutbeimengungen muss der Tierarzt sofort eine entsprechende Behandlung einleiten.

Hierzu möglichst eine Kotprobe mitbringen.

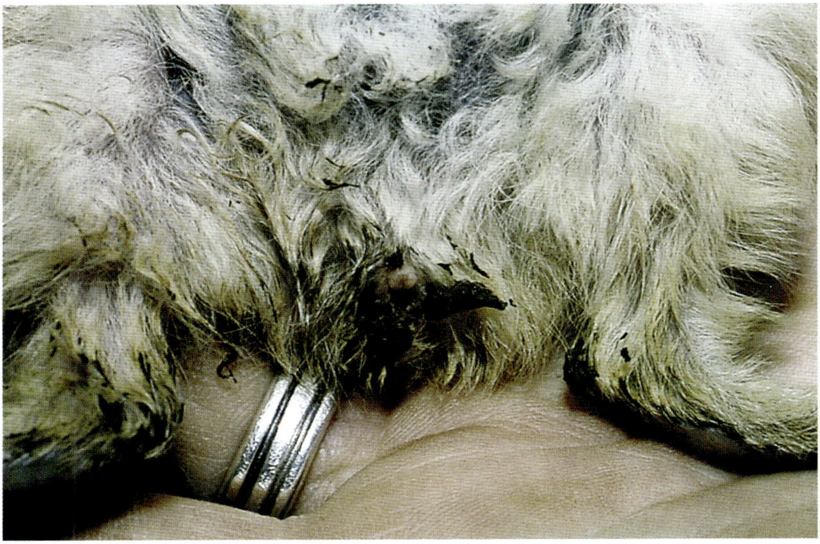

24 | Durchfall verursacht Verklebungen der Fellhaare am After. Diese sind zunächst feucht und dann trocken sauber zu wischen.

Verstopfungen

Verstopfungen kommen beim Meerschweinchen selten vor. Sie können unter anderem durch zu trockene Nahrung (kein Grünfutter), nicht genügende Trinkwasserversorgung ausgelöst werden. Abhilfe kann mit besonders wasserhaltigem Futter (Gurke, Melone usw.) oder durch die Gabe von 0,5 ml Paraffinöl (per Einwegspritze oder über das Futter) geschaffen werden. Trockenfutter ist sofort zu reduzieren. Auch Wärmeanwendungen (Wärmeflasche) und anschließende Massage des Bauches mit sanften kreisenden Fingerbewegungen (mit ein bis zwei Fingern, linksseitig beginnend) können erstaunlich schnell die Verdauung anregen.

Beim Meerschweinchen mündet der Enddarm in eine Hauttasche, dem so genannten Perinealsack. Zwei Drüsen sondern dort ein Duftsekret ab – für die Erkennung der Tiere untereinander und für die Sexualität wichtig. Wenn das Meerschweinchen einen normalen Kotabsatz hat, passieren die Kotballen schnell die Perinealtaschen und werden mit Drüsensekret benetzt.

Gelegentlich sind die Perinealdrüsen (zwischen Anal- und Geschlechtsdrüsen gelegen und beim männlichen Tier besonders stark ausgeprägt) verstopft. Das kommt besonders bei älteren unkastrierten Böckchen und bei überwiegender Trockenfutter-Gabe vor. Dann sammelt sich der Kot in den Perinealtaschen, die Taschen dehnen sich und werden weiter. Hat sich Kot festgesetzt, und das erkennt man sehr deutlich, ist er vorsichtig auszudrücken, und die Perinealtaschen sind mit einem milden Schaumbad oder besser Babyöl zu reinigen. Eventuelle Hautentzündungen sind mit einem Sulfonamid-Wundpuder oder einer entzündungshemmenden, abdeckenden Salbe zu behandeln.

Bei schweren Verstopfungen (nach 2 Tagen) ist auf jeden Fall der Tierarzt zu konsultieren. Es könnte schlimmstenfalls ein Darmverschluss vorliegen!

Mangelernährung und Vitaminmangelkrankheiten

Bei einer ausgewogenen Kost unserer Meerschweinchen wird kaum eine Mangelernährung entstehen, und Vitaminmangelkrankheiten treten erst gar nicht auf. Vitaminzusätze sind dann auch nicht notwendig.

Aber durch Verdauungsstörungen oder durch eine Allgemeinerkrankung können Vitaminmangelerkrankungen ausgelöst werden.

Besonders in den Wintermonaten November bis März können durch Schwächung der Widerstandskraft durch zu hohe Temperaturschwankungen, Erkältungskrankheiten, stickige Luft, zu große Feuchtigkeit und Verschmutzung Vitaminmangelkrankheiten mit schwersten Krankheitserscheinungen bis hin zum Tod des Tieres auftreten.

In dieser Zeit stellen geschrotete Sonnenblumenkerne und Leinsamen sehr wichtige Fettsäurequellen für das Meerschweinchen dar (gut geeignet sind Gurkenscheiben, die man damit panieren kann). Aber Achtung, nicht zu viel davon geben, denn sie sind Dickmacher!

Vitaminmangelerscheinungen äußern sich in Anfälligkeit gegenüber Infektionskrankheiten, Wachstumsstörungen, Hautveränderungen, Darmstörungen mit Appetitlosigkeit, Knochenveränderungen, Bewegungsunlust bis hin zu Lähmungen, Abmagerungen, Krämpfen und anderen Krankheiten.

Da bei der Vielseitigkeit des Krankheitsbildes der Meerschweinchenbesitzer kaum herausfinden kann, an welchen Mangelerscheinungen sein Tier leidet, sollte es bei oben genannten Krankheitserscheinungen unbedingt dem Tierarzt vorgestellt werden. Mit einem Multivitaminpräparat (1 × wöchentlich im Winter auch vorbeugend) kann eine Vitaminmangelkrankheit abgewehrt werden.

Vitamin A

In Zeiten hohen Grünfutterangebotes wird dieses Vitamin vom Meerschweinchen in der Leber gespeichert; es kommt deshalb selten zu Mangelerscheinungen, die in Haut- und Schleimhautablösungen, Durchfall, Wachstumsstillstand, Bewegungsstörungen, Atemnot bis hin zu Krämpfen auftreten können. Grünfutter, besonders Salat und Möhren, sind ein guter Vitamin-A-Lieferant.

25 | Vitamin C können Meerschweinchen nicht selbst bilden und müssen es über die Nahrung zu sich nehmen.

Vitamin-B-Komplex

Ein Vitamin-B-Mangel zeigt sich in Magen-Darm-Störungen, Durchfall, Abmagerung, Wachstumsstörung, Störungen des Nervensystems; er führt unter anderem zu Haarausfall und Hauterkrankungen.

Vitamin-B-Komplex ist in frischem Grünfutter, Weizenkeimlingen, Hefe und Weizenkeimöl enthalten.

26 | Einen Ausflug in den Garten genießen unsere Meerlis immer. Bei der Gartengestaltung sollten Giftpflanzen gemieden werden.

Bei Verdauungsstörungen oder nach Gabe eines Antibiotikums ist oft die Keimflora des Darmes geschädigt, und dadurch kommt es zum Vitamin-B-Mangel. Hier sind zusätzliche Gaben an Vitamin B-Komplex empfehlenswert.

Vitamine des B-Komplexes (und Vitamin K) werden allerdings erst durch erneute Aufnahme des Blinddarmkotes verwertbar gemacht.

Vitamin C

Menschen, Affen und Meerschweinchen haben eine Gemeinsamkeit: Sie können das Vitamin C nicht selbst bilden und müssen es daher über die Nahrung erhalten.

Eine Vitamin-C-Mangel-Krankheit erkennt man besonders auffällig, wenn die Tiere mit seitlich weggespreizten Hinterbeinen auf der Körperseite liegen; sie schlafen sehr viel. Es kann zu skorbutähnlichen Erscheinungen, wie Zahnfleischbluten, Gliederschmerzen, Abgeschlagenheit kommen, Wunden verheilen schlecht, und es treten sogar Knochenbrüche und Lähmungen auf. Meerschweinchen können an Vitamin-C-Mangel sogar sterben.

Vitamin C gehört zu den wasserlöslichen Vitaminen, die nur kurzzeitig im Körper gespeichert werden können.

Eine zusätzliche Gabe von Vitamin C (Ascorbin) ist gelegentlich im Winter, wenn das Grünfutter vitaminärmer ist, sinnvoll. Eine tägliche Gabe von Vitamin-C-reichem Obst wie Kiwi, sofern die Meerschweinchen es mögen auch Südfrüchte wie Grapefruit, Orangen, Mandarinen, und Gemüse wie Paprika, Spinat, Rote Bete, Fenchel und Petersilie (von Letzterer nicht zu reichlich, da sie die Bildung von Blasensteinen fördern kann) sollte erfolgen.

Bei Vitamin C braucht man keine Angst vor einer Überdosierung zu haben, denn genau wie wir Menschen scheiden die Meerschweinchen das überschüssige Vitamin C wieder aus.

Kranke Tiere mit Appetitlosigkeit müssen unbedingt zusätzlich mit Vitamin C versorgt werden (Ascorbin, über das Trinkwasser verabreicht).

Vitamin D

Die Rachitis, die durch eine zu geringe Vitamin-D-Aufnahme über das Futter entsteht, kommt bei Meerschweinchen eher selten vor. Sie führt zu Skelett- und Knochenverbiegungen. Vorbeugend ist auch hier eine abwechslungsreiche Fütterung der Tiere mit frischem Grün, Körnern, gutem Heu. Auch ein gelegentlicher Auslauf der Tiere im Freien beugt einem Vitamin-D-Mangel vor, da erst die UV-Strahlung das Vitamin D in seine aktive Form überführt und es so für den Körper wirksam macht.

Vitamin E

Ein Vitamin-E-Mangel führt zur Schwächung des Immunsystems, zu Muskelschädigung und demzufolge zu Lähmungen. Enthalten ist es in grünen Pflanzen und Getreide sowie Ölsaaten.

Ein guter Vitamin B- und E-Spender für die Wintermonate sind Weizenkeime, die man aus Körnerfutter gut auf dem Fensterbrett ziehen kann. Hier verwendet man das Gras und nicht zu viele Keimlinge.

Ich „paniere" jeden Tag eine Gurkenscheibe pro Tier mit einer Mischung aus geschrotetem Leinsamen und entkernten Sonnenblumenkernen (Reformhaus). Sie liefern dem Tier die erforderlichen mehrfach ungesättigten Fettsäuren und werden von den Tieren gern gefressen.

Vitamin K

Auch dieses Vitamin kommt in grünen Pflanzen vor und ist für die Blutgerinnung wichtig. Ein Vitamin-K-Mangel führt zu Blutungsneigungen in Haut und Schleimhäuten. Hier kann man Abhilfe durch reichlich Grünfutter oder Fütterungszusatz mit Luzernegrünmehl schaffen.

Meerschweinchenlähme

Bei der unter Meerschweinchen ansteckenden Meerschweinchenlähme ist eine Gehirn- und Rückenmarksentzündung, wahrscheinlich durch einen Virus bedingt, die Ursache. Das Tier zeigt Appetitlosigkeit, sitzt mit gesträubtem Fell mit kauernder Körperhaltung in der Ecke, zeigt Atembeschwerden und Zittern. Die Tiere sind schlapp, zeigen eine Muskelschwäche und haben leichtes Fieber. Später erkennt man krampfartiges Zucken der Hals-, Rücken- und Schultermuskulatur. Die Tiere magern schnell ab. Die Perinealtasche ist mit Kot angefüllt.

Die Lähmungserscheinungen beginnen an den Hinterbeinen. Wenn das erkrankte Tier versucht zu laufen, zieht es die Hinterbeinchen hinter sich her. Die Lähmung breitet sich, von den Hinterbeinen angefangen, langsam nach vorn aus, und das Tier kann Probleme beim Kotabsetzen bekommen. Es kann sich nicht mehr sauber halten. Wegen der hohen Ansteckungsgefahr muss sofort eine Trennung von den anderen Tieren erfolgen.

Beim Verdacht einer Meerschweinchenlähme muss man sofort den Tierarzt aufsuchen. Im Anfangsstadium kann eine Therapie mit Vitamin B und C versucht werden. Leider sind die Behandlungschancen sehr gering. Der Tod des Tieres tritt etwa nach 3 bis 14 Tagen, manchmal aber auch erst nach Wochen ein. Um dem Tier unnötige Schmerzen zu ersparen, sollte man es rechtzeitig vom Tierarzt einschläfern lassen.

Ohrerkrankungen

Die Meerschweinchen besitzen mit ihren vier Windungen der Gehörschnecke (Ratten, Mäuse und Menschen haben nur 2½ Windungen!) ein sehr gutes Gehör.

Natürlich können auch Meerschweinchen an einer Entzündung des Ohres erkranken. Zum Teil tritt sie nach Bissverletzungen auf, nach Hautentzündungen durch Parasitenbefall, allergischen Reaktionen oder Pilzerkrankungen. Milben spielen eine große Rolle bei Ohrerkrankungen, aber durch die hohe Feuchtigkeit im Gehörgang kommt es auch leicht zu einer Ansiedlung von Pilzen.

Bei Entzündungen des Ohres ist die Haut gerötet und verdickt. Gelbbraune großschuppige, bröckelige Krusten deuten auf eine Kopfräude hin.

Wenn eine bakterielle Ohreninfektion vorliegt, ist die Umgebung des Ohres feucht und verklebt. Die Meerschweinchen zeigen Juckreiz, Unruhe, ein Schütteln und zum Teil auch Schiefhalten des Kopfes (erkrankte Seite wird nach unten gehalten!). Bei schweren Infektionen läuft das Tier im Kreis und zeigt Koordinationsstörungen. Es zeigt ein stark gestörtes Allgemeinbefinden.

Es sollte schnell ein Tierarzt zurate gezogen werden, der die Ursache der Ohrentzündung klären und eine entsprechende Behandlung, gegebenenfalls mit Antibiotika, veranlassen kann.

Operationen und ihre Vorbereitung

Gelegentlich ist eine Operation wegen eines Hauttumors, einer schweren Erkrankung, einer Kastration oder Ähnlichem unumgänglich. Jede Operation bietet ein Risiko, schon allein durch die Narkose, da das Meerschweinchen ein labiles Herz-Kreislauf-System besitzt. Das muss dem Meerschweinchenbesitzer bewusst sein.

Bei den meisten Lebewesen, das ist uns auch vom Menschen bekannt und bei vielen Tieren nicht anders, wird eine Operation, wenn irgend möglich, mit leerem Magen des zu Operierenden durchgeführt. Zu schnell könnte der Patient erbrechen und das Erbrochene könnte in die Luftwege geraten.

Das Meerschweinchen kann nicht erbrechen. Der Magen hat nur eine ganz dünne Muskelschicht, die nicht in der Lage ist, das Futter nach oben zu transportieren. Ein Fasten vor der Operation würde bei einem Meerschweinchen zu einer Störung der Verdauungsabläufe führen. Es ist beim Meerschweinchen nur möglich, den Futterbrei vom Magen in den Darm zu befördern, wenn ständig neues Futter aufgenommen wird.

Das Tier nimmt täglich 80 bis 100 kleine Mahlzeiten zu sich, und jede dieser Miniportionen schiebt die Nahrung vom Magen weiter in den Darm. Bleibt die Nahrung wegen fehlenden Nachschubs liegen, kommt es zu Fehlgärungen und zu Blähungen. Schnell kommt es bei dem Tier durch das Energiedefizit zu Stoffwechselentgleisungen. Dann wird die Narkose zur Gefahr. Kranke Tiere, die vor der Operation nicht fressen, müssen daher unbedingt zwangsgefüttert werden.

Die meisten Narkosemittel werden über die Nieren ausgeschieden. Damit das schneller geschieht, wird dem Meerschweinchen vor der Operation vom Tierarzt Flüssigkeit infundiert (über eine Infusion verabreicht).

Da Meerschweinchen sehr stressempfindliche Tiere sind, sollte man es zum Operationstermin rechtzeitig in einem Transportbehälter (mit Saftfutter!) zum Tierarzt bringen, damit es sich von der Fahrt erst einmal beruhigt. Günstig ist es auch, sein Partnertier mitzunehmen, weil es sich dann schneller beruhigt. Natürlich muss dieses Tier nach erfolgter Operation separat untergebracht werden.

Unmittelbar nach der Operation wird das Meerschweinchen kaum Appetit haben. Wenn die Operation vorhersehbar ist, sollte man dem Tier ca. 1 Woche davor Vitamin C in sein Trinkwasser geben. Auf diese Weise kann sich das Narkosemittel schneller abbauen. Nach der Operation sollte das Meerschweinchen in einen abgedunkelten Raum (Transportbox) auf eine wärmende Unterlage (Wärmeflasche) gelegt werden. Bei Verwendung einer Rotlichtlampe muss unbedingt darauf geachtet werden, dass sie nicht zu dicht am Tier steht und evtl. zu Überhitzungen führen kann. Das Tier sollte noch in der Tierarztpraxis aufwachen, damit bei Komplikationen gleich geholfen werden kann. Der Meerschweinchenbesitzer wäre in solch einer Situation hilflos.

Sobald das Meerschweinchen wieder aus der Narkose aufgewacht ist, sollten Heu und Wasser angeboten werden, um die Darmaktivität möglichst schnell wieder anzuregen. Wenn es nicht frisst, sollte zwangsernährt werden (Babybrei oder Critical Care®).

Zu Hause ist es günstiger, die Einstreu im Meerschweinchengehege des operierten Tieres in den ersten Tagen ganz wegzulassen und dafür Handtücher oder Zeitungen, dick belegt mit Küchentüchern aus Zellstoff, auszulegen. Es versteht sich von selbst, dass diese Einlage häufig gewechselt wer-

27 | So wird ein Meerschweinchen fachgerecht abgetastet.

den muss, um Wundinfektionen zu verhindern. Heu muss dem Tier unbedingt weiter zur Verfügung stehen, am besten in einer Raufe.

Wenn es möglich ist, sollte das Tierchen einige Tage nach der Operation von den anderen Tieren (aber in Geruchs- und Stimmkontakt lassen!) getrennt werden, bis es sich sichtbar wohler fühlt. Manchmal verweigern die Patienten durch die Isolierhaltung ihre Nahrung und sollten doch wieder schnell in ihre gewohnte Umgebung zurück verbracht werden (Achtung aber bei Kastraten! Sie sind noch bis zu 6 Wochen nach der Kastration zeugungsfähig!).

Manchmal müssen Meerschweinchen in den Tagen nach der Operation auch weiterhin Medikamente erhalten. Der Tierarzt entscheidet, ob dies durch Injektion oder als Saft bzw. Tropfen durch den Tierhalter erfolgen kann. Gelegentlich ist auch eine Zwangsernährung nötig, um das Tier am Leben zu erhalten.

Die Kastration

Häufige Operationen am Meerschweinchen sind Kastrationen. Das Böckchen sollte bei einer Kastration mindestens

3 Monate alt und gesund sein. Der beste Zeitpunkt für eine Kastration sind 6 Monate. Vereinzelt kommt es nach der Kastration zu einer Abszessbildung, die unbedingt vom Tierarzt behandelt werden muss.

Gelegentlich wird das operierte Böckchen versuchen, an den Operationsfäden zu knabbern. Dann kann man rund um die Operationswunde zerriebenen Knoblauch streichen. Der Geruch hält die Männchen dann meist von ihren Vorhaben ab.

Es ist zu beachten, dass das Böckchen noch bis zu sechs Wochen nach dem Eingriff zeugungsfähig ist!

Übrigens legt ein kastriertes Böckchen sein Imponiergehabe nicht ab, und es versucht auch weiterhin, das Weibchen zu besteigen (dann natürlich ohne Folgen!).

Da die Kastration beim Weibchen schwieriger und risikoreicher ist (hier muss im Gegensatz zum Böckchen die Bauchhöhle eröffnet werden!), wird sie meist nur im Krankheitsfall bei Gebärmutterproblemen vorgenommen.

Eierstockzysten kommen sehr häufig beim Meerschweinchenweibchen vor. Wenn Hormonspritzen nicht wirksam sind und wenn die Zysten durch ihr Größenwachstum (Verdrängung anderer Bauchorgane) Beschwerden verursachen, muss auch beim Weibchen eine Kastration erfolgen.

Bei einer Kastration werden die Gebärmutter und die Eierstöcke komplett entfernt. Bei einer Sterilisation werden lediglich die Eileiter unterbunden; die Eierstöcke bleiben im Körper des Tieres.

Trächtigkeit und Geburt

Trächtigkeit

Durchschnittlich dauert die Trächtigkeit beim Meerschweinchen 68 Tage. Etwa 4 Wochen nach der Befruchtung lässt sich durch vorsichtiges Abtasten des Bauches die Trächtigkeit feststellen. Nach der 6. Woche kann man Bewegungen im Mutterleib spüren. Ab der 7. Woche nach Trächtigkeitsbeginn schwellen die Zitzen an.

In der Norm bekommt ein Meerschweinchen zwei bis fünf Junge. 14 Tage vor der Geburt ist deutlich die Umfangsvermehrung des Bauches zu erkennen. Meerschweinchen nehmen übrigens zum Ende der Trächtigkeit bis über 50 % ihres Eigengewichts zu!

Meerschweinchen sollten möglichst nicht erst nach dem ersten Lebensjahr zum ersten Mal gedeckt werden. Unter Umständen kann das zu großen Geburtsproblemen, im schlimmsten Fall sogar zum Tod des Tieres führen. Das liegt daran, dass das Becken beim Weibchen in diesem Alter nicht mehr so dehnungsfähig ist wie bei einem 8–10 Monate alten Tier.

Auch sollte das trächtige Meerschweinchen „zurückhaltend“ gefüttert werden, vitamin- und rohfaserreich (Heu), aber eiweiß- und energiearm.

Das Gewicht einer werdenden Mutter sollte in etwa 900 g nicht übersteigen. Die Stoffwechselumstellung kann in ungünstigen Fällen zu einer akuten Leberverfettung und zu dem gefährlichen Bild einer Trächtigkeitstoxikose führen, an der die Mutter und auch die Meerschweinchenbabys sterben können.

Geburt

Da das Meerschweinchenweibchen kurz nach der Geburt (ca. 1½ bis 36 Stunden danach) wieder brünstig wird und erneut gedeckt würde, sollte das Männchen kurz vor dem Geburtstermin separat untergebracht werden. Andere Weibchen dürfen während der Geburt im Käfig anwesend bleiben; manchmal beteiligen sie sich sogar bei der Pflege der Neugeborenen.

Dem Meerschweinchen ist die bevorstehende Geburt kaum anzusehen. Sie bauen kein Nest, wie zum Beispiel die Kaninchen, und zeigen keinerlei Unruhe. Die Geburt erfolgt oft nachts, wobei das Weibchen eine hockende Stellung einnimmt. Obwohl die Jungen relativ groß sind, geht die Geburt meist erstaunlich schnell (in ca. 30 Minuten) und ohne Komplikationen vonstatten.

Durch Hormoneinfluss kurz vor der Geburt weitet sich das Becken durch Öffnung der Schambeinfuge so weit auf, dass auch die bereits relativ großen Köpfe der Welpen problemlos hindurchpassen. Die Kleinen werden von der Mutter von den Eihäuten befreit und sauber geleckt. Kommen die Babys zu schnell zur Welt, schafft die Mutter es manchmal nicht, die Eihaut rechtzeitig zu entfernen, und das Jungtier erstickt.

Wenn man die Geburt der Meerschweinchenbabys miterlebt, kann man in diesen Fällen eingreifen, das Tierchen auf ein weiches Tuch setzen und die Eihaut ablösen (zuerst natürlich am Kopf, damit das Kleine atmen kann).

Danach wird das Baby schnell wieder zur Mutter gesetzt. Geburtsprobleme sind glücklicherweise selten und treten vor allem bei Einfruchtigkeit auf. Aber es gibt auch Fälle, in denen eine Quer- oder Steißlage vorkommt.

Wenn das Weibchen anhaltende Wehen hat, die Geburt nicht vorwärts geht (länger dauernd als 1 Stunde) und man Erschöpfungszeichen des Tieres und sogar schon blutig bräunlichen Scheidenausfluss feststellt, ist sofortige Hilfe durch den Tierarzt erforderlich! Dann kann ein Kaiserschnitt nötig werden. Das wird aber selten der Fall sein.

Meerschweinchen sind Nestflüchter. Die Kleinen werden vollständig behaart geboren, können sofort hören, sehen und laufen. Das Milchgebiss verlieren sie schon im Mutterleib und kommen bei der Geburt schon mit allen bleibenden Zähnen zur Welt. Je nach Wurfgröße beträgt das Gewicht der Jungen 50 bis 100 g (das Gewicht sollte täglich 4 bis 7 g zunehmen).

Tiere unter 40 g sollten dem Tierarzt vorgestellt werden! Beim Transport unbedingt das Muttertier mit dem ganzen Wurf mitnehmen!

Schon ab dem ersten Lebenstag nehmen die Meerschweinchenbabys neben der Muttermilch selbst Nahrung auf. Obwohl die Meerschweinchenmutter nur zwei Zitzen hat, gibt es kein Gedrängel

28 | Eine glückliche Mutter mit ihrem Nachwuchs. ▷

beim Säugen. 20 bis 30 Tage nach der Geburt, die Kleinen wiegen dann ca. 150–180 g, werden sie von der Mutter nicht mehr gesäugt. Recht unsanft beißt sie ihre Jungen dann oft weg.

Beachten sollte man auch, dass die kleinen Böckchen bereits mit 6 bis 8 Wochen geschlechtsreif sind. Es gibt aber auch „Früchtchen“, die bereits mit 4 Wochen an Fortpflanzung denken! Die Tiere sind also rechtzeitig zu trennen.

29 | Geschlechtsbestimmung bei jungen Meerschweinchen (links Männchen, rechts Weibchen). Zeichnung: Karin Lunderstedt, Neubrandenburg

Geburtskomplikationen

Wenn Trächtigkeit und Geburt auch meist ohne Probleme verlaufen, kommt es gelegentlich in den letzten Tagen vor der Geburt bis einige Tage danach zu einer sehr schweren Erkrankung, der Trächtigkeitstoxikose (Schwangerschaftsvergiftung).

Sie entsteht durch die große körperliche Belastung während der Trächtigkeit, oft bei übergewichtigen Tieren, durch fettreiche, aber rohfaserarme Kost, durch jede Art von Stress oder Vitamin-C-Mangel und führt zu Entgleisungen des Fettstoffwechsels. Es entsteht eine akute Leberverfettung, und diese kann zum Tode führen. Das Tier zeigt Apathie, verweigert das Futter, hält den Kopf in die Ecke, sträubt das Nackenhaar und verliert rapide an Gewicht. Sind die Babys schon geboren, säugt die Mutter sie kaum oder gar nicht. Es folgen Krämpfe und Lähmungen, und das Muttertier stirbt.

Leider haben auch die Jungen bei dieser Erkrankung der Mutter oft keine Chance, zu überleben. Auch wenn man versucht, sie mit der Hand aufzuziehen, versterben sie meist in den ersten 5 Tagen nach der Geburt. Rund um den Geburtstermin kann es durch einen einfachen Kalziummangel auch zu einer Lähmung (verkrampft, nicht schlaff!) der Hinterbeine kommen. Eine sofortige Kalziumgabe wirkt hier Wunder.

Natürlich können Lähmungen und Bewegungsstörungen nach der Geburt auch Folgen des Geburtsvorganges sein (Quetschungen, Blutergüsse, Verrenkungen, sich nicht wieder schließende Schambeinfuge).

So schnell wie möglich also ab zum Tierarzt!

Tumorerkrankungen

Als Hauttumoren bezeichnet man Umfangsvermehrungen der Haut und Unterhaut. Man findet sie bei den Meerschweinchen mit zunehmendem Alter. Bei den Hauttumoren handelt es sich meist um gutartige Drüsengeschwülste oder Grützbeutel, die sich gut operativ entfernen lassen. Grützbeutel lassen sich im reifen Zustand gut ausdrücken. Sie hinterlassen aber große Wunden und Hautdefekte und neigen zu Rezidiven.

Ab einem Alter von drei bis vier Jahren treten bei den Meerschweinchen vermehrt Tumoren auf. Beim Weibchen sind es häufig Eierstocktumoren. Tumoren, die im Bauchraum auftreten, sind meistens bösartig. Sie führen häufig zu Verstopfungen (der Darm wird verdrängt), Gasbauch, Durchfall oder Harnverhalten.

Bei Verdacht einer Tumorerkrankung ist das Tier unverzüglich dem Tierarzt vorzustellen, der dann eine Therapie vorschlägt. Leider führt eine Operation im Magen-Darm-Bereich meist zu Komplikationen. Ein Einschläfern des Tieres ist oft unumgänglich.

Unfälle und Bissverletzungen

Um Unfälle und Verletzungen möglichst zu vermeiden, sollte man wissen, dass Meerschweinchen zum Beispiel gern Elektrokabel anknabbern. Auch können sie beim Freilauf übersehen werden und

30 | Bei Gartenausflügen müssen die Besitzer sich der Gefahren bewusst sein. Verletzungen lauern, wenn man nicht stets auf seine Tiere achtet.

unter Menschenfüße geraten oder in Türen eingeklemmt werden. Sie können auch in den Schlingen von Teppichböden mit den Krallen hängen bleiben und sich verletzen.

Knochenbrüche, Zerrungen, Quetschungen und Prellungen sind die Folge. Heizgeräte und Heizungen können zu Verbrennungen führen. Um diese Gefahren abzuwenden, sollte man stets besonders aufmerksam sein, wenn das Tier Freilauf in der Wohnung hat.

Es passiert auch nicht selten, dass das Tier versehentlich fallen gelassen wird (besonders von Kindern). Hier kann es zu Knochenbrüchen kommen, und auch die Zähne brechen leicht ab. Das Tier ist zu beobachten, ob es die Gliedmaßen ohne Schmerzen bewegen kann und keine Fehlstellung oder Schwellung bemerkt wird. Auch an einen Wirbelsäulenbruch mit Querschnittslähmung ist zu denken. In diesem Fall muss das Tier eingeschläfert werden.

Das Mäulchen ist ebenfalls zu inspizieren, damit verletzte Zähne nicht unentdeckt bleiben. Sind die Schneidezähne verletzt (es tritt dann auch oft Blut aus dem Mäulchen aus), sollte das Tier dem Tierarzt vorgestellt werden, weil häufig eine Korrektur des Stumpfes vorgenommen werden muss, damit das Tier Nahrung aufnehmen kann.

Bei männlichen Tieren sollte man den Penis nicht unbeobachtet lassen. Nicht selten gelangen Fremdkörper (häufig Heuhalme oder Teile der Einstreu) unter die Vorhaut, die Beschwerden verursachen können. Diese sind sehr vorsichtig zu entfernen, weil sonst Infektionen entstehen.

Bei kleinen Verletzungen (z. B. Bisswunden durch Rangkämpfe) sollte erst einmal das Fell in der Umgebung der Wunde mit der Schere vorsichtig weggeschnitten werden. So ist die Stelle besser zu reinigen. Lauwarmer Kamillentee und ein fusselfreies Tuch sind gut für die Wundreinigung geeignet. Mit einer Heilsalbe (z. B. Lebertran-Zink oder Bepanthen®) ist die Wunde gut geschützt. Auch sulfonamidhaltiger Wundpuder ist zur Behandlung geeignet. Sollte die Wunde trotz dieser Maßnahmen anfangen zu nässen oder sogar zu eitern, ist ein schneller Tierarztbesuch angezeigt. Bei größeren Wunden ist eventuell sogar eine chirurgische Versorgung angezeigt.

Vergiftungen

Vergiftungserscheinungen treten bei Meerschweinchen eher selten auf. Selbst gegen einige Giftpflanzen (wie Efeu, Philodendron usw.) scheinen sie so gut wie immun zu sein. Trotzdem sollte man vorsichtig sein und die Tiere von potenziellen Giftpflanzen (z. B. Oleander) fernhalten.

Auf jeden Fall führen aber zum Beispiel Medikamente des Tierbesitzers (die er dem Tier leider manchmal bei Erkrankungen gibt) zu Vergiftungserscheinungen, die sich durch Zittern, veränderte Atmung, Krämpfe, Speicheln, Bewegungsstörungen und Durchfall äußern.

Auch Gras von Straßenrändern, gespritztes Obst, Gemüse sowie Obstzweige sind für das Meerschweinchen gefährlich. Auf das Verfüttern von Maiskolben von Feldern sollte man verzichten, wenn man nicht sicher ist, ob die Pflanzen vielleicht mit Schädlingsbekämpfungs- oder Unkrautvernichtungsmitteln besprüht sind oder wenn sie an dicht befahrenen Straßen liegen.

Bei Vergiftungserscheinungen ist das Tier so schnell wie möglich dem Tierarzt vorzustellen.

Zahnprobleme

Wenn man regelmäßig die Zähne seines Meerschweinchens kontrolliert, können Probleme rechtzeitig erkannt werden, bevor sie zu Folgeerkrankungen führen. Die Nagezähne müssen sich berühren können und dürfen nicht zu lang sein (Faustregel für die Länge: Oberkiefer ⅓, Unterkiefer ⅔).

Mit Daumen und Zeigefinger kann das Mäulchen geöffnet werden. Möglichst das Tier gleich von Anfang an mit dieser Untersuchungsmethode vertraut machen! Die Backenzähne können nur mit Hilfsmitteln (durch den Tierarzt) kontrolliert werden.

31 | Untersuchung der Nagezähne (Daumen und Zeigefinger drücken seitlich leicht gegen das Mäulchen): Hier weisen die Zähne die richtige Stellung und Länge auf. Zeichnung: Karin Lunderstedt, Neubrandenburg

Meerschweinchenzähne sind wurzellos und wachsen zeitlebens ständig nach (Schneidezähne bis zu 2 mm pro Woche). Für die Abnutzung der Zähne ist das intensive Kauen wichtiger als die Härte des Futters. Durch die Gabe von Heu und auch Grünfutter sind die Tiere gezwungen, sich lange mit der Nahrungsaufnahme zu beschäftigen. Sie brauchen große Mengen davon, um ihren Energiebedarf zu decken. Bei Körnerfutter werden die Tiere schneller satt und nutzen ihre Zähne nicht genügend ab.

An kranken Zähnen leiden Meerschweinchen relativ häufig. Es kommt vor, dass sich das Tier durch einen Sturz einen oder mehrere Schneidezähne abbricht und man es nicht gleich merkt. Auch harte, scharfkantige Nahrungsmittelreste, wie zum Beispiel Kerngehäuseteile des Apfels oder Spelzen von Getreidekernen, können sich zwischen den Zähnen festsetzen. Dadurch können Zahnfleischentzündungen mit nachfolgenden Problemen entstehen, und die Prognose für die Gesundung des Tieres ist bei Nichterkennen ungünstig. Bei rechtzeitigem Tierarztbesuch kann dieser in den meisten Fällen helfen.

Auch angeborene Fehlstellungen der Zähne gibt es bei unseren Nagern des Öfteren. Dann kommt es zu Unregelmäßigkeiten beim Kauen und zur falschen Abnutzung der Zähne. Es kann dann passieren, dass der Tierarzt in regelmäßigen Abständen die Zähne abschleifen oder abkneifen muss, damit das Meerschweinchen wieder normal sein Futter aufnehmen kann.

Problematisch wird es, wenn das Tier wegen schwerer innerer Krankheiten mehrere Tage keine Nahrung zu sich genommen hat. Denn dann wachsen die Unterkiefer-Backenzähne derart aufeinander zu und engen die Zunge so ein, dass das Meerschweinchen trotz Appetits nicht mehr in der Lage ist, Futter aufzunehmen (Brückenbildung). Die Verdauung stockt, und es kommt zu schweren Gesundheitsstörungen bis zum Tod des Tieres. Also nicht lange mit dem Besuch beim Tierarzt warten.

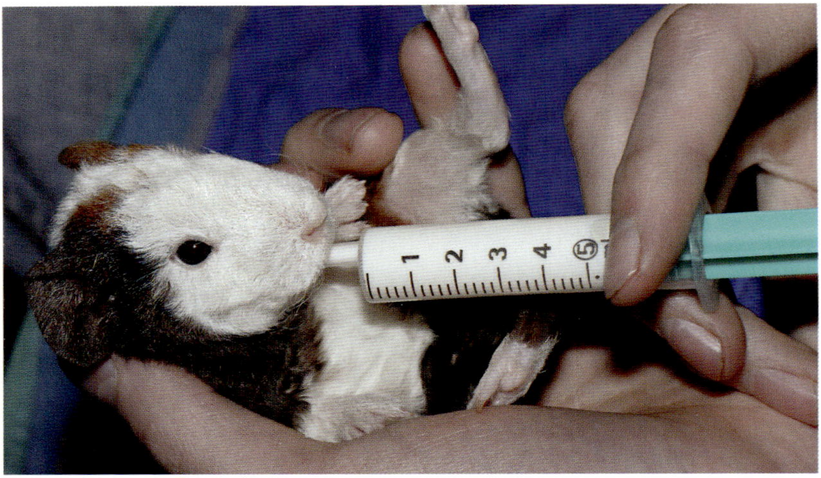

32 | In manchen Situationen ist eine Zwangsernährung notwendig. Diese ist am besten durchführbar mit einer Einwegspritze (ohne Kanüle!). Achtung: Gefühlvoll vorgehen, da Gefahr des Verschluckens besteht!

Zwangsernährung

Wenn ein Meerschweinchen nicht mehr frisst, zum Beispiel nach einer Operation oder Zahnbehandlung, weil es noch Schmerzen hat, ist eine Zwangsfütterung anzuraten, um die Verdauung aufrecht zu erhalten und eine Austrocknung des Tieres zu verhindern. Besonders eignen sich spezielle rohfaserreiche Futterbreie, die durch Aufschwemmung pulverisierter Wiesengräser mit Wasser durch eine Einmalspritze verabreicht werden (Critical Care®). Daneben sind auch Möhren-, Apfel- oder Gemüsebreie für Kleinkinder einsetzbar, die zwar die notwendige Energie liefern, jedoch der üblichen Futterzusammenstellung der Meerschweinchen nicht vollständig entsprechen (ohne Zucker und Geliermittel). Auch Haferschleim ist bedingt für die Zwangsernährung geeignet, bis das Tier wieder selbstständig frisst.

Die Breie können mit einer größeren Pipette oder Einwegspritze verabreicht werden. Dabei langsam vorgehen, damit das Tier sich nicht verschluckt! Diese Mahlzeit sollte alle drei bis vier Stunden angeboten werden. Das Tier zeigt deutlich, wann es satt ist.

Wenn aber schwere Gesundheitsstörungen vorliegen, die eine Weiterbehandlung unseres kleinen Patienten nicht rechtfertigen, sollte man das Meerschweinchen nicht wochenlang zwangsernähren und damit sein Leiden verlängern. Der Tierarzt muss in diesem Fall zurate gezogen werden. Er wird gegebenenfalls von einer Zwangsernährung abraten und das Tierchen einschläfern.

Einschläfern (Euthanasie) – ein schwerer Schritt

Es ist nicht immer leicht zu erkennen, ob ein krankes oder altes Tier noch Freude am Leben hat, oder ob es so sehr leidet, dass der Tod eine Erlösung bedeutet. Es ist von der Natur so eingerichtet, dass ein krankes Tier nicht vom Feind als schwach und somit als leichte Beute erkannt wird. Aus diesem Grunde zeigen die Tiere, so auch die Meerschweinchen, oft sehr spät, dass sie Schmerzen haben und leiden.

Es ist unverantwortlich, ein krankes oder altes Tier leiden zu lassen, es einfach nicht sehen zu wollen, wie schlecht es ihm geht. Andererseits ist es aber auch unverantwortlich, ein Tier ohne Grund oder zu früh einschläfern zu lassen. Die Last der Verantwortung auf Seiten des Tierbesitzers, nicht im Interesse des Tieres zu entscheiden, ist groß. Es ist äußerst wichtig, dass diese Frage nicht nach den eigenen persönlichen Ansichten entschieden wird. Deshalb sollte man im Zweifelsfall den Tierarzt, dem man vertrauen kann, um seinen kompetenten, fachlichen Rat bitten.

Mein Tierarzt, der schon über viele Jahre meine Tiere betreut und der mein volles Vertrauen besitzt, sagt stets:

„Immer im Interesse des Tieres, nicht im Interesse des Menschen!"

Und er hat so Recht!

Das Meerschweinchen sollte vom Tierarzt eingeschläfert werden, wenn die Lebensqualität durch

- starke Schmerzen
- schwere Unfallverletzungen
- unheilbare Krankheiten
- enorm fortgeschrittene Altersschwäche

verloren gegangen ist.

Auch wenn der Tod unseres Tieres, das uns ans Herz gewachsen ist, sehr schmerzt, sollten wir es auf keinen Fall leiden lassen und nicht sein Leben qualvoll bis zum Ende verlängern. Das sind wir ihm einfach schuldig!

Zusammenfassung

Oft sind Haltungsfehler durch den Besitzer für das Zustandekommen von vielseitigen Krankheiten beim Meerschweinchen verantwortlich zu machen. Viele Infektionserkrankungen des Meerschweinchens könnten vermieden werden, wenn man auf eine gute hygienische Situation achtet, wenn eine abwechslungsreiche, vitaminreiche Kost gereicht wird und wenn man sein Tier immer aufmerksam beobachtet.

Da Meerschweinchen sich für uns nicht verständlich machen können, leiden sie oft still vor sich hin. Ihr Unwohlsein kann man zunächst nur an ihrem veränderten Verhalten erkennen. Manche Ursachen kann man selbst abstellen, sofern man sie erkennt. Man sollte aber nicht versuchen, den Tierarzt zu ersetzen.

33 | Das Leckermäulchen sucht sich die besten Kräuter aus dem Angebot im Garten aus.

Ein Besuch beim Tierarzt sollte nicht zu lange aufgeschoben werden, wenn man Krankheitsanzeichen beim Tier feststellt wie

- länger dauernde Appetitlosigkeit, Gewichtsabnahme, Teilnahmslosigkeit
- Bewegungsunlust, starke Unruhe, verminderte Reaktionen
- gesträubtes, stumpfes Fell, gekrümmter Rücken
- Gleichgewichtsstörungen, Krämpfe, Lähmungen
- Wunden, Blutspuren, Schwellungen
- starken Juckreiz, Borken, Krusten, kahle Stellen
- eitrigen Nasenausfluss, Schnupfen, Husten, Atembeschwerden
- zu lange oder falsch stehende Zähne, Speicheln
- aufgetriebenen Bauch, Durchfall, fehlenden Kotabsatz
- gesteigerten Durst, häufigen oder gar keinen Harnabsatz, Blut im Urin, nasses Fell im Po- und Bauchbereich
- Lahmheiten, unnatürlich gewinkelte Gliedmaßen, wunde Sohlen, eingewachsene Krallen
- eitrigen Augenausfluss oder Augentrübung, auffallendes Kopfschütteln usw.

Zum Tierarztbesuch sollte das Tier auf keinen Fall auf dem Arm (Gefahr des Herunterfallens durch Angstreaktion) transportiert werden, sondern in einem geeigneten Transportbehälter mit Luftlöchern und hygienischer Unterlage aus Zellstoff und Tüchern (im Winter mit Wärmeflasche als Unterlage). Stress könnte dem ohnehin kranken Tier zusätzlich noch schaden!

Dem Tierarzt wird seine Arbeit erleichtert, wenn man ihm genau die Symptome, die man bei seinem Tier beobachtet hat, schildert (evtl. vorher aufschreiben). In einigen Fällen (bei Verdacht einer Harnwegs- oder Darmerkrankung ist es auch günstig, Urin- oder Kotproben mitzunehmen. Die Diagnose kann dann gegebenenfalls schneller gestellt werden.

34 | Brennnesseln bereichern das Speisenangebot bei den Meerschweinchen.

Literatur

Meerschweinchenfreunde Deutschland e. V.: „Die wichtigsten Fragen über Meerschweinchen“ und „Unser Freund das Meerschweinchen“ – 1998 und 1999.

Kathrin Behrend: „Das Meerschweinchen“. Gräfe und Unzer Verlag GmbH. München 1995.

Ilse Hamel: „Das Meerschweinchen als Patient“. 2., völlig neu bearbeitete Auflage. Enke Verlag. Stuttgart 2002.

Ilse Pelz

Mehr über Meerschweinchen

Rassen – Haltung – Vererbung

3., vollständig überarbeitete Auflage,
144 Seiten, 66 Farb- und 13 SW-Abb.,
5 Zeichnungen,
14,8 x 21 cm, gebunden

ISBN-10: 3-88627-302-4
ISBN-13: 978-3-88627-302-7

Sie mögen Meerschweinchen? Sie möchten endlich mehr erfahren, als landläufig über diese liebenswerten Haustiere bekannt ist?

Dann wird auch dieses Buch Sie interessieren!

Es bietet umfangreiche Informationen zu den Themen:
- Überlegungen vor der Anschaffung
- Kinder und Meerschweinchen
- Artgerechte Haltung und Pflege
- Wissenswertes zur Ernährung
- Gesundheit/Krankheitsanzeichen
- Wesen und Verhalten
- Beschreibung der Rassen und Farben in Wort und Bild inkl. Standards (MFD)
- Einführung in die Genetik
- Vererbung der Fellfarben und Haarstrukturen
- Grundregeln der Meerschweinchenzucht

Oertel + Spörer
Verlags-GmbH + Co.KG
Postfach 16 42
72706 Reutlingen
www.oertel-spoerer.de

OERTEL + SPÖRER